裂變行銷力

抓住需求、引爆流量、整合團隊……
全面掌握產品熱銷與品牌爆發的核心策略，顛覆你的行銷格局！

構建
商業雪球效應

任周波 著

The Ripple Effect

引爆裂變，顛覆傳統行銷架構！
打造利益共同體 × 建立專屬客群 × 引領消費需求……
以吸引力為起點，顛覆性重塑產品與行銷體系！

目錄

前言

熱銷裂變篇
賣什麼？誰說「好產品」就是「好賣的產品」？

第一章　熱銷思維：熱銷經營的核心法則　　011

第二章　熱銷策略：構建支撐熱銷的強大體系　　037

模式裂變篇
從零開始，裂變賦能，我的玩法我做主！

第三章　使用者裂變：從點到面，「病毒式」擴散　　059

第四章　平臺裂變：人氣變現，打造商業根基　　079

第五章　直播裂變：零成本撬動全網熱潮　　097

第六章　代理裂變：網路＋實體的全管道打法　　111

第七章　創客裂變：打造利益共同體　　125

第八章　粉絲裂變：圈粉、變現、引爆潛力　　135

第九章　成交裂變：萬物皆虛，萬事皆允　　143

目錄

第十章　金融裂變：升級賺錢模式，開源節流　　163

第十一章　產業裂變：轉型升級，成就行業領軍者　　173

第十二章　智慧裂變：AI賦能的成交革命　　179

團隊裂變篇
誰來賣？資源整合，打造最強戰鬥力！

第十三章　創新團隊管理：人才是企業最強引擎　　189

第十四章　創始人法寶：治理團隊的關鍵技巧　　205

前言

　　老實說，當我完成這本書稿的時候，內心是興奮的，也是忐忑的，從事裂變行銷培訓這麼多年來，經歷的事情很多，幫助過的企業很多，完善改良的行銷模式也很多，但面對各位讀者，雖有千言萬語，還是渴望能夠交上一份語言簡練、實用的答卷。從過去的傳統行銷到現在新模式下的裂變行銷，我見證了太多企業的轉型，也見證了太多企業的失敗。當然，我也看到了很多原本規模很小的企業，經過全新的行銷裂變，迅速更新為市值上億的大企業，原本瀕臨破產的傳統小廠，瞬間裂變成了網路產業下的菁英。這一系列轉變，其實也不過是企業經營者蛻變過程的一瞬間。

　　不可否認，如今很多傳統企業還在堅持自己的固有模式，認為自己只要有貨，就不愁發展，而事實上，這樣做的成功機率是越來越小的。因為成本、局限性、曝光度都是很明顯的，所能應用的資本也就有限。如果只是盯著眼前的一畝三分地，毫無疑問，你不但會失去眼前以外的世界，就連眼前有限的利益也是岌岌可危的。

　　曾經有企業家朋友和我聊天，他說：「你知道嗎？我曾經

前言

以為在市場上打敗我的，至少也是我的同行對手，可沒想到在這個時代，打敗我的卻是一個跟我的業務毫不相干的網路公司。我的企業幾百人，他們的公司卻只有 5 個人，我以為賺幾千萬元就很了不起了，而他們每年卻能賺 3 億多元，這是我萬萬沒想到的，對於新時代的行銷模式，我是越來越不能理解了。」

這都是不爭的事實，本來都在一個林子裡打獵，你打完獵就處理掉了，別人打完獵則把貨存起來，等到打獵的人越來越多，那片森林已無利可圖，而此時存貨的人，已經不再去打獵，而是依靠當初的獵物庫存，源源不斷地裂變出新的產品、新的曝光度、新的模式、新的商業循環，打造出自己的平臺道場──一個專屬於自己的商業行銷生態圈。他們開始立下自己的規矩，建立屬於自己的行銷玩法，將各路「英雄好漢」召集到自己的旗下，不花一分錢，就讓他們心甘情願、勤勤懇懇地為自己工作。他們將其他的「莊主」召集到自己的手裡，成為「莊主」之上的「盟主」，利用平臺源源不斷地打造財富的雪球效應。當你說「買我的貨必須付錢」的時候，人家卻說：「加入我們，貨我送給你，你想擁有的成功、未來，我都送你，你來不來？」

以此為對比，鮮明的選擇就擺在龐大的網路聲量面前，當你還在納悶自己與別人的差距在哪裡的時候，你的有限資源已

經不再是自己的資源，而別人的資源卻在裂變中不斷壯大、擴張……想想看，你求人買你的東西，買不買全看別人的心情，而有人卻利用平臺一呼百應，做什麼都有一些人風風火火地趕來響應。你發展得好，別人覺得和他沒關係，而有格局的商家發展得越好，越有人因此歡呼雀躍。說到原因，這裡忍不住多問幾句：「你經營粉絲團行銷了嗎？你建立自己的經銷商體系了嗎？你真的完善自己的裂變模式了嗎？你搞定自己的利益共同體了嗎？你有死心塌地地跟你奮鬥的強大團隊了嗎？你的財富在滾雪球嗎？你的資本和股權確定了嗎？你完善好後續一系列的金融決策了嗎？你能在網路上與現實中開啟場場爆滿的招商會嗎？你能夠在裂變流量的同時裂變內容嗎……」這一系列問題，或許會讓此時的你驚出一身冷汗。你發現當下的行銷模式已經完全超出了你的想像，眼下傳統經濟行銷模式下的自己，對於財富的概念，就好像在裸奔，如果此時再不好好補補課的話，說不定明天會死得更慘。

如果我上面的陳述，真的能夠給你帶來這樣的震撼，那麼我為你鼓掌，證明一切不算太晚。對於一個產品，即便是行銷成了趨勢，它的紅利期也超不過兩年。如果你只是因為想製造熱銷而製造熱銷，那麼毫無疑問，你已經被全新的行銷模式徹底踢出了局。這個世界最不缺的是模仿者，但永遠缺少優質的決策者。如果此時，你能夠有效地利用自己手中的資源，以全

前言

　　新的裂變行銷理念去經營企業，或許下一秒你手頭的資源就會發生幾何成長，所能獲得的資本和利潤將遠遠超出你的想像。做生意最重要的是開源節流，究竟源在哪裡，流又應該怎樣守住，這和對資本的理解與思維方式有關。

　　所以，本書從賣什麼、怎麼賣、誰來賣三個方面，分別闡述了熱銷品引起話題、裂變模式以及團隊經營建設三個重要的行銷板塊，意在幫助你打通行銷裂變思維的「奇經八脈」，全方位地了解裂變行銷的策略、模式和方法，並順利地將一切融入自己真實的經營之中，搞定人、貨、場，搞定錢、權、心。當你發現所有的一切，都能在你的精準計畫下，得已快速成長和延展，你就不會覺得這個世界處處是恐慌，因為別人的恐慌是你挺直的脊梁，別人的無奈卻是你機遇的開始。關於裂變行銷，我把所有的「精華」都寫在了這本書中，有圖、有數據、有真相，所有的案例都是我精心挑選的。如果你相信我，就打開這本書。對於裂變行銷這件事，想要應變當下企業模式的轉型與蛻變，拿上它，你絕對不會後悔。

熱銷裂變篇
賣什麼？
誰說「好產品」就是「好賣的產品」？

熱銷裂變篇　賣什麼？誰說「好產品」就是「好賣的產品」？

內行看熱鬧，外行看門道。熱銷品之所以是熱銷品，看的不是它的作用，看的是如何利用。好產品不一定是好賣的產品，好賣的產品，也不一定就是熱銷品。熱銷品的裂變在於模式，而熱銷品的銷量卻源於裂變。建立強大的熱銷品支撐體系，將成為後續熱銷品養成的重點核心，誰抓住了這個點，誰就在行銷征途上拿捏火候，抓住商機。

第一章
熱銷思維：
熱銷經營的核心法則

> 精準需求：
> 從公海到私域，如何穩準狠搶占客戶

曾經有個朋友說過這麼一句玩笑話：「現在往兜裡賺錢不容易，但想要把錢花出去，就是一瞬間的事情。」當我聽到這句話的時候，第一反應是：「這或許是個機會。」每個人手裡的積蓄都是有限的，如何能夠看清需求，讓對方心甘情願地把手裡的錢拿出來。老實說，這是一門學問，也著實是行銷歷程中不可或缺的智慧所在。

那麼同樣是消費，別人為什麼會選擇你的產品呢？首先，最大的看點就是需求。就需求而言，大致逃不過三點效應，第一要看擔心什麼，第二要看痛點是什麼，第三要看需要什麼。所有的消費其實都是為了幫助自己解決問題、緩解痛苦、滿足需

熱銷裂變篇　賣什麼？誰說「好產品」就是「好賣的產品」？

求的，但是究竟怎樣運作這些擔心、痛點和需求呢？有些人想要立竿見影的效果，但如果一開始就那麼做，很可能發揮不了多大的作用，就像快速緩解痛苦以後，痛苦就不復存在了。一旦「痛苦」不存在，產品的價值就會大打折扣。

所以，精明的商家一定會先大肆渲染痛點，把痛戳到極致，這時才能讓人迫切想要改善，以至於產生一種沒有買到產品就要抱憾終生的想法。如此一來，產品成了媒介，引領了所有人渴求解決問題的迫切。

迫切成就消費，消費成就時尚，時尚就是企業的核心文化，而核心文化的傳播，很可能就是從打造需求的痛點開始的。

曾經的企業經營者總是想當然地覺得，自己的產品應該如此這般運作，只要把產品做到精益求精，就能撬動消費的痛點，直接引領市場上的需求焦慮，但事實很可能並非如此。想當然地打造需求和文化，只是一味地順應自己，卻很可能與需要裂變成長的消費族群沒有半點關係。因為你思考的痛點不是對方的痛點，所以戳上去也是不痛不癢，對方覺得什麼都沒有發生，消費自然也就無從談起。對消費者而言，只要能以最小的消費成就最大的利益，根本就不會有更高的消費需求發生。如果想要促成生意，那麼最好不要生產錦上添花的產品，而是能夠生產生活

第一章　熱銷思維：熱銷經營的核心法則

必需品，就長遠規劃而言，凡是步入必需品市場的消費，競爭者都在少數，相比於那些在紅海（既有市場）中「血戰」的行銷策略，藍海（新興市場）中的營利則更為寬廣，更富有實際效益。

熱銷品的核心價值更像是傳播企業信念的媒介，它作為橋梁吸引大量的關注，儲蓄在自己的數據池塘裡，最終完成一重又一重的裂變。熱銷品更像是個魚餌，將所有的獵物聚集整合在一起，不斷地儲備存續，最終形成屬於自己的生態鏈條，就此熱銷品被整合為四個重要的組合，第一，話題產品（吸引關注）；第二，沙丁魚產品（量大利潤低）；第三，肥牛產品（量大需求大）；第四，大熊貓產品（不開張則已，開張吃三年）。不同的產品在四項組合中，源源不斷地被分割開來，經過系統地營運，打造出一個企業非凡的熱銷品和獨立自主的品牌功能效應。

舉個例子來說，麥當勞的漢堡是當下大眾消費者耳熟能詳的產品，起初的每個漢堡只需 43 元，而其定位就是準確無誤地話題產品。有了產品，就可以化身肥牛產品賺取更高昂的加盟費，而其最好的實際價值則在於大熊貓產品中的房地產營運。麥當勞看起來是一個經營食品的企業，而其存在的實際價值卻是整個商業地帶的房地產經營。它將自己手裡的產品有機地整合在一起，彼此配合，協調統一，最終打造出屬於自己的商業

熱銷裂變篇 賣什麼？誰說「好產品」就是「好賣的產品」？

帝國，不管是百姓的錢，還是加盟商的錢，抑或是地產經營的成果打造，全部賺得盆滿缽滿。

當然，要想用熱銷品遞橄欖枝，首先要滿足五大支點：第一，產品的賣點是什麼；第二，支撐產品賣點的支點在哪裡；第三，產品的亮點和個性是什麼；第四，值得人尖叫的看點在哪裡；第五，其真正的核心價值是什麼。所有的點對應的都是人性中最為敏感的「貪、嗔、痴」。聰明的行銷經營者，在看透這一點後，帶著自己的覺醒如實顛倒過來反觀，反觀得越透澈，痛點就越明確，反觀得越清醒，盈利就越豐厚，這或許就是裂變式行銷順應時代的核心價值所在，也是企業對其品牌文化、創始人經濟、技術革新、專家驗證和概念打造所遵循的最重點理念精髓。

如今的消費早已經不再局限在人與人之間的物性理念架構之中，它是網路消費、物質消費和心理需求架構理念相互整合的結果。其中最重要的核心部分，作用的就是消費者的心理架構。換句話說，如今的消費者對於產品的理解已經與過去的消費者截然不同。消費意味著接受一種情懷，一種全新的生活理念，一種對自己的認同，抑或是其他的內心呈現。如果此時的產品不能迎合消費者心理的需求，即便是一切包裝得再好，每一個細節都做到無可挑剔，也無法撬動消費的槓桿，在市場中占有一席之地。

第一章　熱銷思維：熱銷經營的核心法則

那麼究竟如何詮釋當下的消費者心理呢？舉個最簡單的例子，當下有人賣酒一瓶3,000元，很多人會覺得：「這是什麼酒啊？這麼貴！」但偏偏就是有人願意買，生意還做得異常紅火。其主要原因就在於，它從另一個側面撬動了消費者的心理帳戶。其實對當下的所有人來說，每個人在生活中都存在兩個帳戶系統：一個是實體帳戶，就是手裡拿的金融卡；另一個就是內在的心理帳戶。每個人的心理帳戶中都有著不同規格的消費意識，意識詮釋的就是對一件產品的認知以及它是否真的值得買。有些人買了產品自己捨不得用，但是如果請客、送禮就會特別捨得；有些人雖然在高端消費場所出手大方，到了菜市場卻還要和小販為幾塊錢消磨半天。其主要原因就是他們的心理帳戶在主導著他們人生中的每一筆消費。所以想讓自己的產品成為熱銷品，首先就要對自己的消費族群所秉持的心理帳戶進行深度的考量。

想要打造熱銷商品，最好的呈現就是它恰巧成了消費者意識中的必需，以至於當需要的時候，就會在第一時間想起它。這種想要解決自身問題的迫切感，促使他們對眼前的產品無從拒絕，不管是出於一種嘗試心理，還是因為內心對痛的恐懼。總而言之，當消費者欣然為之付費的時候，創業者精密的數據計算和有效的行銷運作已經成功了大半。它與消費者的心理一拍即合，也在一拍即合中成就了專屬於自己的時尚和主流精

015

熱銷裂變篇　賣什麼？誰說「好產品」就是「好賣的產品」？

神,以至於當消費者下意識地聚集在一起,產生裂變效應的時候,都會不自覺地成為這一主流精神的擁護者。因為消費者對這種精神秉持著信任和鼓勵的態度,所以後續的裂變才有了更進一步的可能。大家開始下意識地用企業優化的方式將產品分享出去,在促成消費的同時,熱銷品也在用自身的傳播效應打造更多的可能。

顏值經濟:產品有賣點,商機自然亮眼

這個世界上有萬千種商品,為什麼別人能夠在「眾裡尋他千百度」之後,選擇了你的產品?熱銷品的吸引力究竟在哪裡,如何能夠做到一接觸,就能讓購買者欲罷不能。除了之前說的價值利益、粉絲行銷之外,其中一個最核心的看點就是顏值。

舉個例子來說,兩個年輕人,一個顯得老態龍鍾,一個看上去精神抖擻,或許前者比後者的能力強一些。身為應徵方的你會如何選擇呢?毫無疑問,出於對美的需求,顏值可以說占有了賣點的很大一個成分。

曾經有一位熱銷品研究人員說過:「產品要創新,顏值是核心,故事是內建,色彩是焦點。同一款產品,倘若在功用上

第一章　熱銷思維：熱銷經營的核心法則

看不到優勢，那就不如把一切聚焦到顏值上來。」所謂的熱銷品，就是要在任何弧線上都無可挑剔，不論是模式、品牌、作用，還是產品本身。

2015 年，有一款超級清新的話題產品 SMANIC 車用空氣清淨機，如一股愜意的清風，吸引了眾多有車族。該產品的兩位研發人，都是從松下離職自主創業的「Y 世代」，他們將產品的簡潔之美，發揮到了淋漓盡致。因為品相高端大氣，線條足夠美，端起來的時候，就好像端著一碗清明的淨水，開機的時候，只有一個簡單明瞭的開關。如此簡約大氣的設計風格，再配上完美的裂變式行銷策略，剛一進入市場，僅僅幾個月的時間，就快速更新為品牌中無可挑剔的熱銷品。僅在孵化階段，就在購物網站上賣出了 2,000 多臺。

或許從功能上來說，這款空氣清淨機與其他產品沒有什麼太大的區別。在當時已經快飽和的市場，這款產品之所以能成為熱銷商品，除了其強大的核心技術、淨化功能之外，更離不開的是它的顏值設計，因為第一眼就讓人過目不忘，所以毫無疑問，賞心悅目的顏值，是這款熱銷品搶盡風頭的核心競爭力。

產品是相似的產品，但同等產品的基礎上，顏值較高的，自然會在市場上搶占先機。人們都說，海量的產品千篇一律，

熱銷裂變篇　賣什麼？誰說「好產品」就是「好賣的產品」？

有趣的顏值萬裡挑一。人常常先入為主，要麼是因為好看，要麼是因為有利可圖。倘若別人的產品都是常見的樣子，而你的產品給人一種很特別的感覺。不論是從色彩上，還是從應用模式上，都給人耳目一新的感覺。在方便利用的同時，能夠帶給人強烈的視覺衝擊和好感，那麼就當下消費族群的行為習慣來說，那就只有 8 個字：「情懷對路，消費直入」。所有人都會被美的事吸引，一旦陷入其中，少有幾個人能表現出理智。這就是熱銷品最好的包裝模式：第一感覺亮眼，第二才是賣點。倘若你的產品不能在 3 秒內征服消費者，那麼後續再精美的設計，也沒有然後了。

怎樣才能塑造熱銷品的高級顏值呢？首當其衝，我們應該從以下四點來著手（見圖 1-1）。

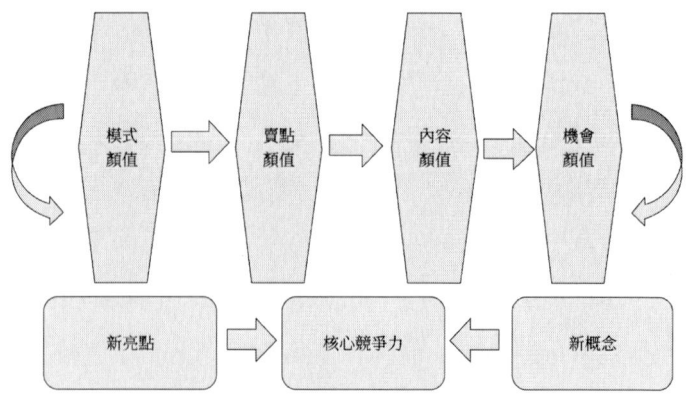

圖 1-1　塑造熱銷品高級顏值四大方面

第一章　熱銷思維：熱銷經營的核心法則

■ 第一，模式顏值

想要讓消費者認同商品，首先就要讓他們先了解並且認同你的新模式。這是一個好產品的有意思的看點，也是他們在此之前從未見識過的賣點。為此，蘋果公司設定了自己的手機營運系統，使得「魚塘裡」的「魚」被吊足了胃口。也正是基於這個原因，消費者在參與的過程中，腦洞被瞬間打開，他們開始越發地願意貼近這一新奇的概念，越發地想要透過這個概念模式認識產品。這本應是他們打開熱銷嗅覺的第一步，也是熱銷品進入他們視野至關重要的敲門磚。

■ 第二，賣點顏值

同樣的產品，如果功能都差不多，那就選誰都一樣了。所謂熱銷品，自然就是在保持原有基本功能的同時，對更多的功能進行整合和創新。曾幾何時，電話是電話，電腦是電腦，但當電話和電腦完美整合後，眼前的世界都跟著改變了。曾幾何時，吃飯最簡便的結帳方式是刷卡，繳交電費只能跑到銀行，行程攻略要耗費很大精力，但現在，只需要一個 App，一切就能輕鬆搞定了。這就是新功能整合帶給消費者的魅力所在，因為產生了對比，所以他們沒有理由拒絕能夠幫他們解決更多問題的那一個。

熱銷裂變篇　賣什麼？誰說「好產品」就是「好賣的產品」？

■ 第三，內容顏值

　　傳統的產品促銷無外乎送小禮物、打折扣，但就現在消費者的理念來說，必然是渴望透過一個產品得到更多。所以從打造熱銷品顏值的角度來說，新內容的包裝絕對不容小視。一個簡單的小影片，一次強勁的文案推廣，一種對於信仰和情懷的渲染，瞬間就能使手中的商品戴上熱銷的王冠。將產品加入色彩，將色彩帶入故事，用故事帶動消費，最終在成交中瞄準客戶，再從客戶經營中形成閉環。這看似無形實則有形的熱銷經營模式，讓新媒體營運得到了飛速發展。內容為王的策略，在降低了廣告成本的同時，用更鮮活的場景帶入和畫面帶入，為熱銷品的顏值又加了一層閃耀的光環。

■ 第四，機會顏值

　　眼下產品那麼多，卻多半是從別人兜裡掏錢的。這時候假如有一款產品，在無可挑剔的品質保證前提下，商家告訴你：「如果你買了我的商品，我能給你帶來更多的發展機會。」這樣天大的好事，恐怕所有人都忍不住要看上一看。本來面對面都不認識的陌生人，因為購買了產品而結緣，又因為產品成交後續的內容，而建立了更進一步的連結，並透過這種連結，贏得了更多的機會和資產，在無形的運作和自我運作中，得到了知識，也獲得了實惠，而且這種實惠，越來越疊加，如此一來，

第一章　熱銷思維：熱銷經營的核心法則

消費者的積極性就被徹底調動了起來。反正都要買，都要用，但別人賣的是產品，你賣的是機會，消費者自然要抓住機會了。

當然熱銷品最亮的顏值不局限於產品本身，它所要打動的是對方的靈魂。倘若一個產品，它的思路僅僅是交易本身，那它也僅僅只是一個產品。如果我們將它作為一把開天斧、一個敲門磚，那眼前展現的就將是遼闊的世界。

顏值賣點，表面上促成的是成交，但核心經營怎能就局限於此？

有形的資產有了，無形的資產也要有效地利用起來。倘若此時熱銷品在經營成交的基礎上，賣出的是機會，那麼這樣的策略，才算將產品的顏值做到極致。因為青睞，所以加入；因為亮眼，看得更遠。就熱銷品而言，不斷翻新意味著一條很長遠的路，它締造的是一個全新的概念，一種富有創意的生活方式。它的使命是變革世界，而變革世界的泉源，就在於眼下賣點經營的玩法和策略。你可以對眼前的產品進行多元的定義，如果有一天別人看到它，就猶如看到了另一番「天下」，那麼在這一「天下」的覆蓋下，你的品牌價值和利潤，會不會更可觀呢？

熱銷裂變篇　賣什麼？誰說「好產品」就是「好賣的產品」？

極致體驗：尖叫感是推廣的祕密武器

　　以往，人們總覺得吃的就是吃的，用的就是用的。之所以這樣，原因很簡單，那時候物資匱乏，基本上沒什麼更好的選擇，而且更現實的是，每家的情況基本上一樣。如果有點新鮮玩意，大家就驚訝得不得了。現在，人們的消費觀念已經跟以往大不一樣了。你今天拿出一個新奇的東西，明天我內心萌生了某種特別的需求，於是一種迫切的嘗鮮渴望，在熱銷的世界中裂變式地鋪展開來。如若不身臨其境，怎能知道這款產品有多適合自己，如若沒有真實的體驗，或許內心的購買衝動緊跟著就會大打折扣。所有的尖叫，都源於熱銷品推動的體驗和嘗試，如若這個環節沒弄好，想讓更多的人認同自己，又該從何談起呢？

　　所以，這裡想說的是，曾經人們買牛排，就是單一地買牛排，而如今的消費者，說是買牛排，實則是願意為感受牛排的「滋滋」聲買單。想像一下吧，如果你走進餐廳，服務生給你端上來的是一個大白盤子，盤子裡乾乾淨淨地放著一塊肉，足夠分量，製作也足夠精良，這時你會問：「難道只有這些嗎？」而對方的回答是：「您要的不就是牛排嗎？」回答一出，望著眼前毫無生氣的單調，想必本有的渴求和食慾也會跟著大打折扣

第一章　熱銷思維：熱銷經營的核心法則

了吧！以前的消費者買的是需求，而現在的消費者，要的是體驗。這裡面涵蓋著視覺、場景以及一系列的心理需求，很可能適用性的要求，會排到最後。

當然，或許除此之外也存在著別的可能，即便是場景特效，「滋滋」聲足夠誘人，火候足夠到位，一切都足夠有吸引力，但是此時的你卻放下了刀叉，或是對這一切視而不見。這時候或許有人會問：

「此情此景，你竟然不動心？」但答案可能會讓很多人失望，因為你不夠餓。

人在餓的時候，會對一切食物產生本能的需求，而人在需求強烈的時候，不論是情緒上還是意念上都會不管不顧。這種飢餓的本能會驅使他們去尋覓各種食物。倘若此時，你能夠將滿足需求的食物，放到飢餓感爆棚的人群裡，毫無疑問，即便它不具備熱銷的一系列潛質，此時的它也是毫無疑問的熱銷商品。（詳見圖 1-2）。

所以，最重要的或許不是熱銷品的設計，而是熱銷品的體驗；最重要的不是場景的規劃，而是現實的飢餓行銷。所有體驗感的設計，本應該是為飢餓感服務的。如若不能兌現一場飢餓盛宴，即便產品的體驗畫面再精美，再能感動自我，也照樣是無濟於事的。

熱銷裂變篇　賣什麼？誰說「好產品」就是「好賣的產品」？

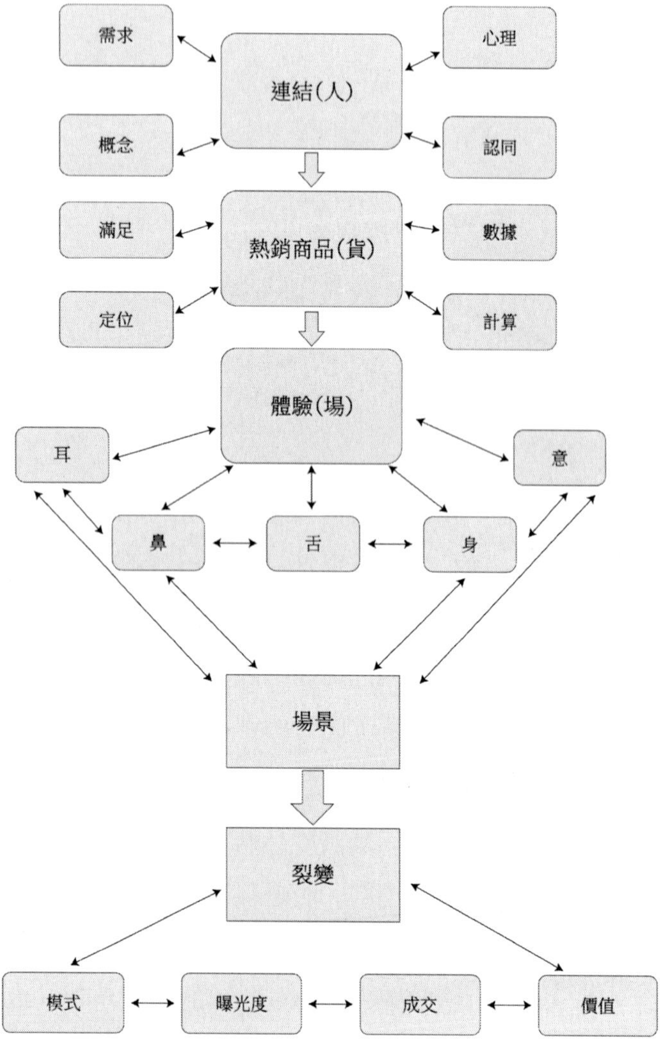

圖 1-2　熱銷商品的體驗

第一章　熱銷思維：熱銷經營的核心法則

真正飢餓的消費者到底是什麼樣子的呢？

舉一個真實的例子，在空氣清淨機行業，曾經有數百個品牌存在，也有一堆媒體實測過，得出了若干種排序，但只要霧霾一起，所有品牌的淨化器就會全部缺貨。

有一款軟體叫 Snapchat，它的創始人是一個「Y 世代」，叫伊萬‧斯皮格（Evan Spiegel）。

如今他的公司市值已經超過了一百億美元，斯皮格個人的資產也達到了近 15 億美元。當他成為世界上最年輕的億萬富翁的時候，這個年輕人只有 23 歲。

斯皮格做的這款軟體，翻譯叫做「閱後即焚」，這是一款圖片溝通工具。例如，你用 Snapchat 給朋友發一張照片，對方看了以後，幾秒就會自動刪除，而且對方看照片時，還得用手指按著照片，原因是如果稍有不慎，就會面臨螢幕擷取危機。但這個軟體也會告知照片的發送者，如果你真的選擇如此做，那麼記得後果自負。

對 Snapchat 這款產品，用一個詞來描述那就是：點殺。點殺本來是一個羽球術語，用在產品上就是，把一個單點做到極致中的極致，雖然單點不大，但足夠絕殺龐然大物。斯皮格之所以能夠成為最年輕的億萬富翁，其核心的亮點，就在於產品體驗中的「點殺」二字。

熱銷裂變篇　賣什麼？誰說「好產品」就是「好賣的產品」？

在傳統的工業時代，公司在競爭中是很難靠一個單點致勝的，但是如果這種境況發生在網路時代，那麼產生的爆炸效應就會很不一般。雖然只用了其中一個小小的邏輯，但「閱後即焚」這個概念竟然有了百億美元的身價。這讓很多人跌破眼鏡，甚至也讓很多大佬看不懂。

其實斯皮格的商業技巧很簡單，他不過是找到了一個「過敏性」的體驗痛點：年輕人的社交圖片分享，把一個點做到極致，對使用者的痛點做深度的洞察和解決方案，這樣的過程，讓別人無法超越。

閱後即焚早期的痛點人群是高中生，當時的監測數據顯示，Snapchat 的使用高峰時間是上午 9 點到下午 3 點。這個時間正好是學生上課的時間。美國一些高中是禁止學生上課使用 facebook 的，因此，Snapchat 迅速風靡。學生在上課的時候，可以愉快地互相發送圖片，而且不會留下任何證據。

此外，閱後即焚的另一個深度痛點人群就是女性，大約占到 Snapchat 使用人數的七成，其主要原因就在於，女性愛自拍，這在全球都是一個普遍現象。另外，閱後即焚很明顯地降低了女性自拍上傳的心理壓力，因為不會被反覆觀看，所以也不必花費更多的時間品頭論足。

然而，還有更重要的一點是，使用者的好奇心，被無限地

第一章　熱銷思維：熱銷經營的核心法則

擴大，一旦玩起來，忠誠度就會變得很高。Snapchat隨後推出了閱後即焚的廣告功能，而且價格也不便宜。但這卻受到了眾多商家的追捧。這種本不看好的行銷方式，卻因為聚集了一億的粉絲，而成為所有投資人青睞的對象。精準的年輕購買群體，讓他們從中看到了商機，所以他們願意和這個只有23歲的年輕人合作。

怎樣經營消費者的飢餓感？看不準就會覺得很複雜，但看準了，一切就是這麼簡單。所謂的熱銷品，就是要快速而有效地拿捏好這份「先發優勢」，真正意義上帶給客戶飢餓感。這種飢餓的體驗，足夠勾起他們的欲望。如若此時，這份飢餓成為習慣，成為一種離開就會手足無措的緊張。那麼毫無疑問，不管這款熱銷品在別人看來，看得懂，看不懂，從行銷策略和裂變策略上看，你都會成為最終的贏家。

時效優勢：先入爲主，搶占心智資源

現在，就讓我們閉上眼睛想想，如若提到可樂，你會想到哪個品牌；如若今天想吃洋芋片，你第一個會想到哪個品牌；如若陪客戶去咖啡店，第一個映入你腦海中的商標是哪個；如

027

熱銷裂變篇　賣什麼？誰說「好產品」就是「好賣的產品」？

果今天想要買一輛高級名車，你首先會想到的品牌是什麼。如若此時你的心中已經有了先入為主的答案，那麼不妨問問自己，為什麼眼前閃過的是它們，而不是別的，為什麼它們會給予自己本能信賴。雖然在此之前，自己並沒有頻繁地在這些品牌上產生消費，那麼這種看似本能的品牌意識，究竟是從何而來的呢？

從客觀上講，之所以產生這一系列的連鎖反應，其核心價值在於行銷裂變市場，深入人心的品類效應，它所塑造的不僅僅是一個產品、一個產品背後的品牌。最重要的是，它準確地駕馭了消費者的心智，讓他們本能地認同自己，本能地想要了解自己，直到作用於行動，形成一種默契。只要自己有能力消費，這些品牌就會先入為主。

有關於心智和品類的定義，是阿爾‧雷耶斯（AL Ries）與傑克‧特魯特（Jack Trout）在 1972 年提出來的，它被美國行銷協會評為「有史以來對美國行銷影響最大的觀念」──「定位」。定位理論有效的基礎，就是消費者的五大心智模式：第一，消費者只能接收有限的資訊；第二，消費者喜歡簡單；第三，消費者缺乏安全感；第四，消費者對品牌的印象不會輕易發生改變；第五，消費者的心智容易失去焦點。如果誰能透過這幾個著重點，掌握消費者的心智，毫無疑問，品牌的價值會快速裂

第一章　熱銷思維：熱銷經營的核心法則

變，你將會成為主場行銷博弈中毫無爭議的贏家。

所以，有句話說得好：「天下武功，唯快不破。」速度越快，你的市占率比例就越大。此時即使不投入太多的廣告，品牌的地位也會是無可撼動的。

在網路時代，有人說：內容的快速製造和釋出是相當重要的，也有人說，搶占市場的速度更為重要。在我看來，與其將金錢花費在這方面，不如直接入心，從快速搶占心智資源路線著手，迅速展開自己的熱銷裂變計畫。

那麼什麼是心智資源呢？所謂心智，自然是已經入心的，它代表著品牌在消費者心中的定位，也就是我們在大腦裡想到某個概念、場景、品類的時候，第一個蹦出來的品牌或產品。它也許源於一句廣告詞，也許出自廣告牌上美麗的代言人，也許就是歷經行銷手段「馴化」後的一個認同。總而言之，不管什麼方式，它就是能從眾多複雜資訊中脫穎而出，簡單、快捷，從不拖泥帶水，於是就這樣，它們在消費者心中有了存在的位置，與心中的最好畫上了等號。只要提到領域的最好，大腦就會自然產生反應。例如，最安全的汽車＝Volvo；最好吃的小籠包＝鼎泰豐。人通常就是只要手裡有錢，就一定要讓自己享受到最好的，所以顯而易見，心智決定曝光度，不需要太費力，心智的能量就會源源不斷地湧動而來（見圖1-3）。

熱銷裂變篇　賣什麼？誰說「好產品」就是「好賣的產品」？

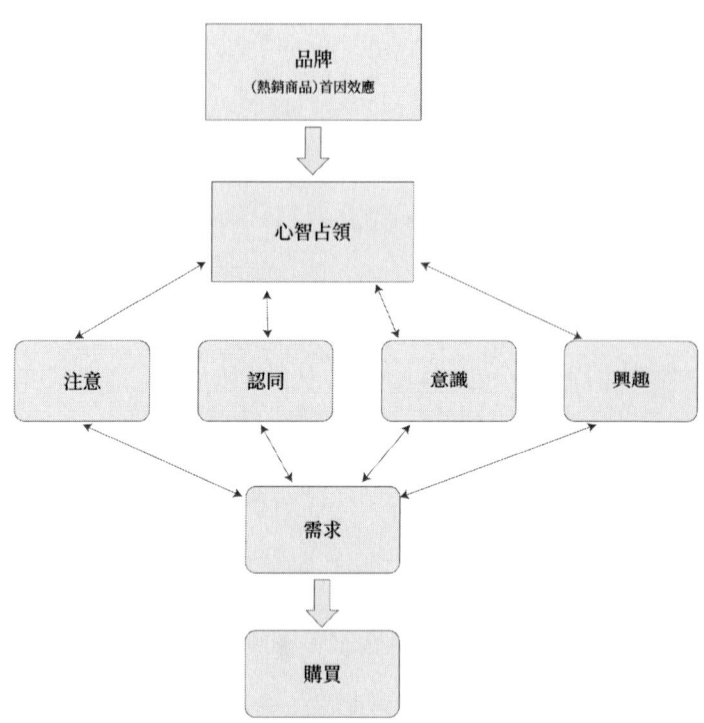

所以，但凡是有點商業頭腦的人，心裡都會有筆聰明帳。在網路時代，消費者每天都要經歷多次廣告資訊的轟炸，眼前的產品光是看就能眼花撩亂，那為什麼非得要選擇你的產品呢？這裡面的一個強效定律就是心智，心智代表著第一，代表著唯一。如若這種「從一」效應能夠獲得融會貫通，那麼大同市場、壟斷市場的核心要務，就不再複雜。所謂得人心者平天下，搞定了消費者的心智，一切問題就不再是問題。

第一章　熱銷思維：熱銷經營的核心法則

價格策略：免費吸引，連結更多可能

　　要想做熱銷商品，就要調足了消費者的胃口，其中核心價值誘惑力，就是使用者的「貪、嗔、痴」。「貪」，就是指有便宜可賺。「嗔」，就是指戳需求和痛點。「痴」就是指經過產品馴化後的痴迷、專一、擁護和認同。其中一個最重要的核心內容，並不是品牌產品的品項，而是它們所能引爆消費者購買欲望的價格，所謂「酒香不怕巷子深」，足夠勾起饞蟲的，除了眼前的這杯「珍珠奶茶」，還有這款「珍珠奶茶」背後的實惠價格。它不但能夠聚焦人氣，還可以有機會針對自己的產品製造話題。話題一多，參與的人就會多。參與的人越多，自動傳播的人自然也會越多。等到人氣和聲量都聚集起來了，這就涉及了更深一步的布局。你終於可以帶著這些人參與自己的玩法，透過他們賺錢，然後再讓錢生錢，便可以把他們變成自己的合作夥伴，讓他們在發展自己事業的同時，源源不斷地給自己帶來利潤。這一切機遇的開始，很可能是從賦予第一個熱銷商品的價值定義產生的。

　　消費者無論貧窮還是富有，面對產品，首當其衝的概念就是要「物超所值」。那麼什麼是物超所值呢？讓我們打個比方，你看到了一款滿意的玉鐲子，看來看去覺得質地不錯，依照以

熱銷裂變篇　賣什麼？誰說「好產品」就是「好賣的產品」？

往的購物經驗，整個玉鐲至少值 15,000 元。於是你略帶緊張地翻看了價格標籤，驚喜地發現只要「12,000 元」，於是你的內心產生了狂熱的驚喜感，覺得自己撿了一個大便宜，這就叫「物超所值」。但凡是大家能夠得到實惠，就必然意味著銷量成長，「價值感」促進了消費者的購買動力，而動力的核心，從本質上來說就是一個「貪」字。

很多商家在推出熱銷品的時候，都會在定價原則上反覆推敲，而熱銷商品要想暢銷，頭等大事，就是價格不能抬得太高，其價格定位至少要滿足市場 20% 的目標消費者，如果可能，這個範圍越擴大越好。很多奢侈品無法成為熱銷商品，主要原因就在於它們的價格無法被大多數人接受。

這意味著它們鎖定的群體，只能占整個市場的少數，而要想把這少數人的需求經營好，熱銷商品反而也變得不那麼重要了。熱銷商品的價格目的見圖 1-4。

熱銷商品的核心任務，除了要做出品質外，最重要的內容是吸引人氣。它是一個連結人氣的工具，是搶占大眾心智的敲門磚。產品需要以此為媒介，讓更多的消費者認識，讓人氣聲量因為熱銷商品的出現而不斷裂變。商家需要以熱銷商品的推廣創立屬於自己的私域規則和玩法，然後在源源不斷地裂變整合中，贏得更多的利益和價值。其中，最重要的核心，就是產

第一章　熱銷思維：熱銷經營的核心法則

品的價格。儘管就品牌經營來說，所有商家都希望殺出紅海，但倘若沒有資本作為支撐，搶占不到人氣的策略高地，即便後續的行銷策略設計得再好，所能達成的最終效果，也未必是最理想的。

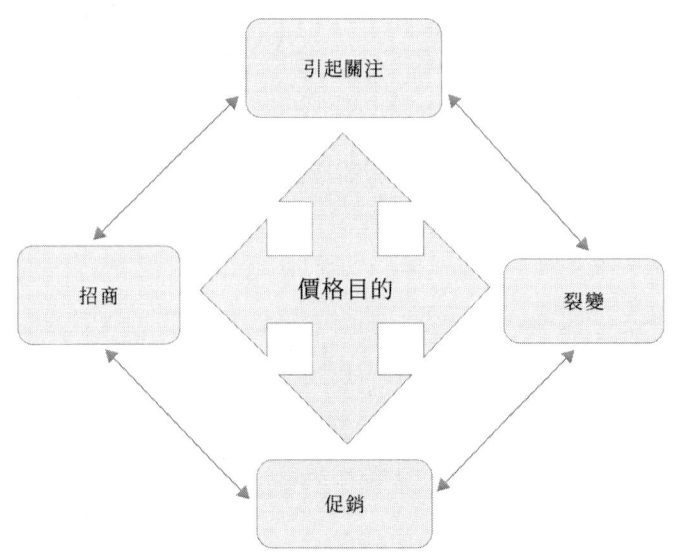

圖 1-4　熱銷商品的價格目的

設計熱銷商品的核心，第一點是要投其所好，第二點要看清它的任務所在。它的重點並不是要成為經典，而是要吸引精準客戶的青睞，為自己後續品牌的發展，帶來更多的裂變機遇。

熱銷裂變篇　賣什麼？誰說「好產品」就是「好賣的產品」？

　　那麼吸引客戶的熱銷計畫到底應該怎麼進行呢？看看下面的裂變行銷案例，你就知道如何快速有效地利用價格吸引精準客戶了。

　　對於很多開餐廳的老闆來說，要想留住客戶的胃，看家本事就是那幾個拿手好菜，而這幾個拿手好菜就是整個餐廳最好的熱銷商品。不管是砂鍋魚頭，還是宮保雞丁，能被堪稱招牌的，都得率先搶占使用者的心智。大多數餐廳老闆做活動的方式是：「你來我店吃飯，點餐的同時，再送你一兩個小菜。」這在他們看來已經是足夠大方的舉動了，區區小菜又有多大的吸引力呢？別人到你店裡吃飯，圖的就是你送的這幾樣小菜嗎？當然不是。招牌菜才是吸引使用者的致勝法寶。與小菜相比，如果活動力度的著眼點在這些熱銷商品上，那毫無疑問，一定會比前者更富有吸引力。

　　那麼現在做熱銷的高手是怎麼做的呢？相比於送小菜，他更願意將主營熱銷商品變成免費的，告訴大家這就是我們的熱銷商品，最好吃的菜現在免費了，你來不來？

　　例如，一家經營剁椒魚頭的餐廳，是一家開了十多年的老店。剁椒魚頭是全餐廳的招牌，現在想要裂變更多精準客戶，那到底應該怎麼運作呢？

　　當然是要辦活動了，讓每一個消費者都能吃到價值 500 元

第一章　熱銷思維：熱銷經營的核心法則

的剁椒魚頭。一個餐廳裡的招牌免費了，自然就會招攬很多食客來嘗一嘗。那麼主菜免費了，是不是就虧本了？這樣無條件的免費吃，餐廳怎麼受得了？

答案是當然不會。在活動期間，食客只要帶上一位朋友，剁椒魚頭就可以打五折，帶上兩位朋友，剁椒魚頭可以打三折，如果帶上三位朋友，剁椒魚頭可以免費吃。4個人一起來吃飯，難不成就只吃一個魚頭？肯定是不可能的。一是不夠吃，二是這樣的事誰好意思做啊？

從常規角度分析，大多數客戶都會選擇帶3個好朋友來吃飯，點上招牌剁椒魚頭，順便再點上幾個別的菜，然後一邊聊，一邊喝點酒，快樂地享受一段用餐時光。這樣的消費算下來，不但不會虧，反而還會賺。除了這點小讓利以外，如果所有的客戶，都用手機掃 QR 碼登記，成為餐廳的 VIP 會員，那麼餐廳還可以額外再給客戶加上一個菜，這樣一來，餐廳不但招攬了更多的生意，還裂變出了更多的鐵粉。一旦餐廳推出新菜品，辦新活動，只需要在手機上動動手指頭，鼓勵更多的消費者分享一下，專屬於自己的私域裂變魚塘就算大功告成了。

一個無形的價格戰術，就可以快速地裂變出這麼多鐵粉，創造出這麼多的行銷機遇。由此可見，掌握客戶「貪財」的重要性到底有多大。這個世界上，聰明的人永遠是給別人「實惠」的

熱銷裂變篇　賣什麼？誰說「好產品」就是「好賣的產品」？

人。所謂的讓利，實際是更大範圍的盈利。如果可以有效地利用「免費」策略來經營自己的熱銷商品，不但可以有效地占據更廣闊的市場，最重要的是，它能夠迅速地完成吸引精準客戶的任務，將更大範圍的裂變機遇牢牢地掌握在自己手裡。

第二章
熱銷策略：
構建支撐熱銷的強大體系

數據布局：用精準資訊找到商機

很多人想做出行業中最好的熱銷商品，卻沒有意識到在整個過程中，有一雙無形之手，始終在操縱著一切，它關乎品牌的成敗，也直接引領著變現的契機。這「幕後黑手」不是別人，就是當下商業平臺裡人人在意的精準數據。

一個全新的行銷時代正在興起，而其中最有價值的資本，可以用來源源不斷地產生裂變的數據。

前段時間我在外地出差，入住當地的一家高級飯店，晚上在房間的時候，發現桌子上放著一封精美的信函，那是某品牌手錶在當地舉辦開幕儀式的邀請函。創始人在信函上留下的熱情洋溢的文字，著實鼓動人心，信上除了邀請我參加專賣店的開幕儀式，還邀請我參加一個以他們品牌為主題的午宴沙龍，

熱銷裂變篇　賣什麼？誰說「好產品」就是「好賣的產品」？

為了表達自己的誠意，他還隨信附送了一張酒店的晚餐券。為了吸引我去參加這場開幕式，這位老闆至少要花費 5,000 元，而這 5,000 元就是他預先支付在每一個精準數據上的行銷成本。

其實，數據在一切生意上的本質就是人氣。人氣，從根本意義上講，就是一個能量的起始。使用者是 1，人氣是 N。對於熱銷品而言，使用者多，並不代表著人氣高。從品牌塑造與行銷推廣的營運實踐來看，從本質上來說，一個數據是指品牌上與一個消費者的一次互動，也就是僅僅完成了一次訊息互動。一次互動，可能直接目的是成交，也可能會在後續的每一次成功的互動中，提升更進一步的親密關係。說得再通俗點，每一次互動都是一次「開花」，為後續「結果」提升了機率。誰創造了消費者與商家的一次互動，無論是網路上或實體銷售，誰就可以說是數據的製造者。

所以我們說，一切生意的本質都是人氣。不管是傳統生意，還是網路生意，人氣決定所有生意的一切，決定整個商業模式的本質，同時也決定了生意的冷暖和生死。如果把傳統的流量營運方式稱作「光明森林」，那麼可以說，如今的我們，正身處於一個到處都是「黑暗森林」的時代之中，而這種黑暗之所以稱為黑暗，主要取決於當下網路營運人氣的主流方式。

第二章　熱銷策略：構建支撐熱銷的強大體系

「黑暗森林」取自科幻小說《三體》裡面的一個極度黑暗的生死法則：總有一方被消滅！整個宇宙就是一片黑森林，每個文明都是帶槍的獵人潛行於林間，輕輕撥開擋路的樹枝，竭力不讓腳步發出一丁點聲音，就連呼吸都必須是小心翼翼的。所有人必須戒慎恐懼地在世界上生存，因為林中到處都是潛行的獵人。如果他發現了其他生命的跡象，所能做的就只有一件事，那就是瞄準目標，以最快的速度射擊，直到這種潛在的威脅不復存在，直到一切成為自己囊中的戰利品。在這片森林中，別人的一切都是地獄，都是永恆的威脅，任何暴露自己存在的生命都會被很快消滅，暴露就意味著與死亡為伴，在一無所有中體驗絕望、失落和消散。

在網路世界的「黑暗森林」中，人氣是冷酷無情的，它是一種黑洞般的存在，低點閱率的公司，就會被高點閱率的公司淘汰。技術的爆炸，更是給這片黑暗森林增加了不確定性。今天的燦爛鮮花，會因暴露了自己而凋零。對手始終都是不確定的，甚至是跨界而來的，而跨界的對手往往是最可怕的。在「黑暗森林」這種全新的遊戲規則中，傳統企業無疑會受較大衝擊。越是實力雄厚、底蘊悠長的傳統企業，在這樣的環境中越是難以適應，說不定什麼時候，就會因點閱率的枯竭敗下陣來。

熱銷裂變篇　賣什麼？誰說「好產品」就是「好賣的產品」？

這兩年網路巨大的「黑暗森林」，讓很多公司發生很大的變化，甚至這些年，一些新興公司讓地獄級玩家都低聲嘆息。當然地獄級的挑戰，也意味著地獄級的機會，甚至千億級的機會。那麼什麼是地獄級的玩法和挑戰呢？我們可以大致將其分割為以下三個板塊。

■ 地獄級挑戰1：社交裂變

就網路購物平臺來說，其實地獄挑戰的核心競爭力，就是社交裂變。這一點，只要你打開某電商的購物網頁就可以看得清清楚楚，「限時秒殺」、「品牌清倉」、「天天領現金」、「砍價免費」、「現金簽到」……等，每天各大活動做得如火如荼，這些在有些大佬面前微不足道的活動，卻能為電商贏得鉅額的客戶心智資源。

■ 地獄級挑戰2：地獄級的單點突破

網路的本質是單點突破，逐漸放大。但是現在的單點突破，又再次出現了更新版，我們稱之為地獄級單點突破。

地獄級的單點突破核心就在於，先將重點產品打造成熱銷商品，再將熱銷商品變得簡單易行，不管在什麼地方，都能贏得粉絲的青睞和認同。越能夠打破界限，越意味著，那將是一個相當成功的熱銷商品。

第二章　熱銷策略：構建支撐熱銷的強大體系

■ 地獄級挑戰 3：首都外的需求

關於「首都外的需求」，我們對此曾經有很大的誤解，認為它只代表便宜。真正的熱銷商品，是要打通首都圈內外的。「首都外的需求」，不僅僅是便宜那麼簡單。例如，一款好的電動機車，之所以能夠成為行業第一，其核心並不局限於價格戰，更重要的是它在消費者眼中的「CP 值」。

實體店面經營，拚的是 CP 值，而不只有價格，當然「首都外的需求」，是一個很大的課題，因為過去我們一直關注「首都內的需求」和直轄市的需求。就現在看來，「首都外的需求」更新能力還是很強大的。對於一個想要成就熱銷的商家而言，洞察這一切就顯得相當有必要。

過去的企業，主要專注點在首都以內，一切的研發、調研和洞察，都是緊緊圍繞著首都內使用者的需求展開的。對於當下的行業經銷管道而言，因為有了網路的支持，大家紛紛將更寬廣的視野看向首都以外的世界。不用管地獄挑戰的三大模式究竟是什麼，其核心理念就是快速地達成消費者的裂變，而不管是地獄級的單點突破，還是首都外的核心需求，所有的努力，只為了能有更好的熱銷商品問世。從免費使用者，發展為付費使用者，這本身就是一個極富跨越性的更新，如果此時熱銷商品的功課沒有做充分，想要快速完成裂變，想必也沒有那麼容易了。

熱銷裂變篇　賣什麼？誰說「好產品」就是「好賣的產品」？

勢頭與痛點：熱銷基因的必備要素

　　一件商品，要想賣出去，在我看來，首先它需要一個契機。如果這個契機不到，別人也很難有機會觸碰到它，以及它背後的核心文化。對於一個企業來說，熱銷商品從來都是一個媒介，它不但刺激著消費，同時也在渲染著自己的理念，它需要與消費者產生一拍即合的共鳴，同時透過這樣的管道拓寬自己的人氣變現。從這個角度來說，熱銷商品的「熱」最核心的目的，就是勢頭。唯有站在勢頭，別人才會看到它，唯有這種感知刺激足夠強烈，才會因此構成消費者最大限度地認知吸引力。這項作業起先並不是那麼容易完成的，它需要理性地推算，精準地定位，也需要在心理上建構一套屬於自己的消費邏輯，既與別人不同，又能展現自己的熱銷文化屬性。同時，還能最大限度地提升消費者的信賴，讓他們覺得舒服，產生一種全新的生活理念，並因此越發地想要接受這款產品，因為它已經從某種程度上觸動了對方的心。

　　有句老話叫做：「痛定思痛！」一個人在哪方面痛，才會迫切地想要擁有讓自己在這方面不再痛的方法、產品和管道。如果這個痛，並不是迫在眉睫地要解決的問題，恐怕它會很快被淡忘。畢竟對於不痛不癢的事情，誰也不會耗費自己太多的時

第二章　熱銷策略：構建支撐熱銷的強大體系

間成本。但是倘若這款產品，直接戳中了自己的要害，甚至只要擁有它就可以解決生命中最為棘手的問題，而且效果顯著，那麼很顯然，大多數消費者肯定會買帳。原因很簡單，能用錢解決的問題，從來都不是問題，只要能讓自己的痛舒緩下來，甚至最終有效治癒，那麼不論是誰，對於掏錢這件事想必都不會拒絕的。

由此看來，消費這件事，本來就不是對應於物性的，它直指人心，面對的是人存續在內心的本能和本性。熱銷商品所對應的核心心理就是從「眾生皆苦」這一點，它是一個人需求中核心價值的體現，誰兌現了它，誰就知道了營運商業中的核心祕密。就心理而言，兌現需求的方式是一種擴大需求感的手段，你可以強化消費者的恐懼，催化他們的迫切，製造他們的緊張和焦慮，渲染他們對幸福感覺的渴望，提高他們獲得痛點解脫的成本，而此時的產品，就這樣被安插到了一個「救世主」的位置。它可以是一種體驗，也可以是一種邏輯框架，以至於最終，消費者就會迫切地想要透過購買的方式解決自己的問題。

總而言之，消費者想要用嘗試的方式，去試探著解決問題，而這種試探將有可能變為堅定，一旦變為堅定，聲量就日趨穩定下來。當這種穩定的數據逐漸裂變出新的人氣，全新的

熱銷裂變篇　賣什麼？誰說「好產品」就是「好賣的產品」？

模式和體系將會在無形中主導消費者的順應。這意味著會有更多的人，在你創造的「玩法」中營運自己的生活，而這種生活本身，就是你為他們量身打造的。

當然我們說，所有的痛點都是需要精準計算的。不同的人有不同的心情，不同的人看待問題有不同的角度，他們為什麼會為此付費，這裡面存在一個數據的機率問題。大千世界，每個人的生活都不一樣，但是從大的角度來說，迫在眉睫要解決的問題就那幾件，而人先天就具有惰性，如果能夠多快好省地滿足自己的欲望，同時又可以不費吹灰之力，即便是花一些錢，一般也不會覺得有什麼不好。這就衍生出了一個公式：欲望＋機率＋計算＋滿足＝產品價值。因為將欲望合理地推演成為數據，我們就可以看到，有這些欲望的人，一般處於什麼年齡階段？分布在哪些地方？為什麼會有這樣的欲念？其消費水準是什麼樣的？他們的消費頻率怎麼樣？在什麼場景下，更容易達成交易？經過一步步的推演，就會漸進性地在自己的思維中形成架構，知道自己的熱銷商品應該如何滿足這些需求，如何才能將產品改良成客戶滿意的樣子，它滿足的是怎樣的需求，應該怎樣被推出，並立竿見影地看到效果。同時，它又應該在什麼地方與主流消費者不期而遇。剛剛好的時間，剛剛好的地點，剛剛好的感覺，看似一切都是自然而然，其實背後經歷的是各種精準的演算。為了精準，所以數據衍生成為欲望，

第二章　熱銷策略：構建支撐熱銷的強大體系

又因為精準，所以欲望開始引領情緒。所有模式的漸進，都在引領著時代的潮流，讓更多人接受自己，而接受一款產品的原因，很可能並不是接受產品本身，而是從某種角度上接受了它所帶來的理念和一種全新的生活方式。

講完數據，就不得不說到定位。大數據的核心功能就是為了能夠讓我們精準地找到自己的定位。一個產品，它究竟能夠衍生出多少價值，什麼樣的價值，產生什麼樣的經濟效益，其核心內容，很可能就藏在每一個消費者的心理帳戶裡。

有的人手裡有錢，但面對消費這件事，觀點不同，也未必真的青睞你的產品，但這或許並不影響小眾群體對產品文化的堅守和信賴。

有句話說得好：道不同不相為謀，得先找到自己的同道中人。其核心就在於，他們內心的那份價值，是否能與自己的產品理念真實契合。

契合的首要因素，就在於他們內心對於欲望和欲望衍生出來的附屬價值的認同。直接可以促成更高消費的核心，就在於如果此時消費者的感覺是迫切的，有痛點的，他們的心理帳戶上，就會留下為痛點消費的痕跡。但如果此時，你的產品並不能與對方的心理帳戶連線，即便是將一切改良得再完美，設計和文化上做到了無可挑剔，落到這樣一個對此沒有需求的人身

熱銷裂變篇　賣什麼？誰說「好產品」就是「好賣的產品」？

上,也照樣達不到效果。由此看來,行銷這件事是與經營人心緊密連線在一起的,這也意味著你的產品價值並不是真正意義上的價值,而消費者心理帳戶中定位的價值,才算是產品某種意義上的真正價值。

就此,產品的競爭不再是價格的角逐,從某種角度來說,它或許在這一領域並不存在太多的博弈。只要產品找到了精準的消費群體,它很可能面對的不再是競爭激烈的紅海。那些所謂的成本比拚和模仿消失以後,一個沒有競爭的藍海就會漸漸浮出水面,因為接受了其中的模式和文化,而這種模式和文化,又產生了心馳神往的舒適感。這種舒適感是消費者當下難以拒絕的,大家會不自主地順應統一的管理和體系,開始將產品的事當成自己的事。消費者除了消費以外,開始進一步加入產品的設計和建構中,他們成為品牌的參與者,也從某種程度上提升了他們對待熱銷商品開發的積極性,他們開始自主地融入數據生態圈,並將自己的利益和價值觀融入其中,成為整個生態鏈中不可缺少的一員,既可以產生消費,也是消費的核心建造者。

有一位 Nokia 的高管,曾經在雜誌上與大家分享了這樣一個故事,當 iPhone1 剛剛上市的時候,他們的情報人員就購買了一批帶回總部。那位高管也有幸拿了一支回家研究,而那支

第二章　熱銷策略：構建支撐熱銷的強大體系

手機很快贏得了他4歲女兒的芳心。為了測試手機的易用性，他把手機遞給了女兒，沒多長時間，女兒就輕鬆上手了。臨睡前，女兒說：「能把這部神奇的手機放在我枕頭下面睡嗎？」從那一刻起，他就明白了這次 Nokia 遇到了大麻煩，他們抓不住使用者的痛點了。

網路思維的核心是使用者思維，熱銷裂變也是，一切都是要圍著消費者的需求來的，為了抓住使用者的痛點，進而讓消費者參與商品行銷或開發，顯然是突破了傳統企業的行銷格局，而將眼光放在了更簡潔、更實用、更富有創造力的痛點需求上。而消費者思維的極致就是熱銷策略，就是引發熱銷。

那麼究竟怎樣才能精準地找到痛點呢？方法很簡單，有三個工具（見圖 2-1）：找勢頭、找一級痛點、開展數據拷問。「勢頭」是普遍消費者痛點，就是大多數消費者的主要需求所在。「一級痛點」就是消費者最主要的需求點，也是消費者產生購買行為的核心驅動力。「數據拷問」就是查詢數據來源，對客戶需求和行為、需求的所在區域進行系統的盤查和分析，並以此為根據，按照不同的角度進行深度挖掘。下面就讓我們根據這三個熱銷研發工具，深入地進行分析和探討。

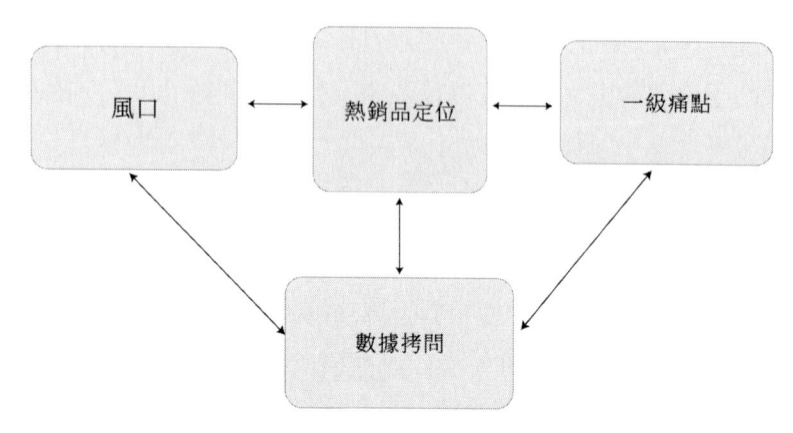

熱銷裂變篇　賣什麼？誰說「好產品」就是「好賣的產品」？

```
      風口 ⟷ 熱銷品定位 ⟷ 一級痛點
              ⟷
           數據拷問
```

圖 2-1　找到痛點的三個工具

■ 第一，找勢頭

　　找痛點的第一要素，就是找勢頭，那麼勢頭究竟該怎麼找呢？在過去，很多人找勢頭的方法，就是看新聞、看政策、看國外大公司研發出的新產品、看競爭對手最近的新動作。不可否認這些內容在現在依然有用，但絕不是有了這些就有了保險箱。從某種角度來說，即便掌握了這些策略，也依然會有東西考驗創始人的運氣。與其如此，不如現在轉變模式，用痛點思維來審視問題，站在消費者的角度去思考。勢頭就是普遍消費者痛點，就是大多數消費者迫切想要解決的需求。在網路時代，如果你能找到勢頭，你就絕對有把握打造出一款被眾多消費族群快速認同的熱銷商品。

第二章　熱銷策略：構建支撐熱銷的強大體系

■ 第二，找一級痛點

找到勢頭以後，就能打造熱銷商品嗎？當然是不一定的。事實上，很多快速找到勢頭的公司，在製作熱銷商品的過程中是需要承擔很大的風險的。例如，O2O（Online To Offline，網路與實體店面整合）是一個勢頭，但是O2O公司的死亡率非常高。最關鍵的原因就是缺乏消費者的黏性，粉絲人氣的維持度太低，這意味著大量的消費者被網路「黑暗森林」吞噬。所以，找痛點的關鍵行動法則就是找「一級痛點」。

消費者的痛點，就像是一個金字塔，被分為一、二、三、四不同的等級，而一級痛點就是消費者共鳴最大、感覺最痛的需求點，也是消費者產生購買行為中最重要的一點。

■ 第三，數據拷問

說到數據，對於一般人來說，那不過是一連串的數字訊息，但對於企業商家而言，精準的數據拷問，卻是成就熱銷商品的重要財富。比如你想開一家連鎖咖啡館，推出自己的暢銷咖啡，那麼首先我們就需要用數據去考量當下消費者對咖啡口味、審美、創意的痛點需求。其次，這樣的需求都聚焦在哪些城市？在城市中的哪些區域？他們的消費習慣是什麼樣的？認同怎樣的服務理念？他們對咖啡館的裝修要求是怎樣的？不同區域範圍內的精準客戶是否都認同這樣的裝修？這些客戶的分

熱銷裂變篇　賣什麼？誰說「好產品」就是「好賣的產品」？

享指數如何，是否能夠規模性地形成客戶裂變？這些客戶崇尚的咖啡館文化是什麼？自己又能否在了解掌握資源的同時，創造出一套所有人都熱衷參與的方法？這一系列的拷問，都是從數據分析中贏得的，它囊括了關鍵消費者數據，經過橫向與縱向對比、細分溯源等多元拷問和探求。當每一個細節落實精準以後，咖啡館的裝修、熱銷品的研發、一級後續行銷裂變的方法，才能伴隨著睿智的選擇和理性的改良，一步步地浮出水面。

由此看來，熱銷話題絕不是一蹴而就的事情。它需要精心地探究和規劃，需要我們鎖定痛點和需求，並將這一切變為自己與消費者連線的重要契機。只有如此，熱銷話題才是有效率的，才是富有實際價值的。它不但可以有助於產品快速地成為熱銷商品，還可以在製造話題的過程中不斷地促成消費裂變。因為對準了需求，因為滿足了痛點，所以後續衍生出的一切方法和活動，都會鏗鏘有力，在人們的心智深處發揮擲地有聲的作用。

第二章　熱銷策略：構建支撐熱銷的強大體系

裂變效應：從 0 到 10 億的族群力量

　　如果你的老本行是行銷，那麼身處網路產業時代，或許以下話術是你再熟悉不過了的：

　　──「最主要的是粉絲成長，沒有裂變就沒有成長！」

　　──「如今這個時代，你不搞粉絲商業都不好意思出來見人！」

　　──「0 成本獲得 1,000 萬使用者！」

　　──「最唬人的就是定位理論，因為要你花大錢。」

　　──「市場部就是花錢買人氣？能不能多想想用成長思維！」

　　在這個成長駭客理論被奉為經典的時代，每個人都有屬於自己的成長焦慮。尤其是在艱難的 2019 年，網路的群體焦慮到達了巔峰。

　　低成本成長、粉絲、裂變、社群，如果這個時候你還沒有做這些，那麼很可能你會與無數的機會失之交臂。

　　對於從來沒有接觸過裂變操作的人來說，0 基礎 0 粉絲，要想在最短的時間內完成從 0 到 10 億的快速成長，在很多人看來和天方夜譚一樣，但這樣的夢想究竟能不能實現，答案卻是肯定的。不管什麼產品，什麼業務，只要找到適合自己的

熱銷裂變篇　賣什麼？誰說「好產品」就是「好賣的產品」？

平臺，鎖定其中一部分精準客戶，再將粉絲能量有效地整合利用，實現裂變式高效成長真的不是一件多麼困難的事。

講一下我個人的親身經歷。一天，我老婆在一家照相館照了一套古裝照片，約定是免費得 30 張，但攝影師拍了 100 多張，她看著每一張照片都捨不得放棄。

此時她問還有沒有其他的解決辦法？對方說：「有，您可以把照片發到社群，累積 300 個讚，同時這些人都追蹤我們的官方社群帳號，所有的照片都可以免費送給您。」為了這 300 個讚，她彰顯出了驚人的能力，她將照片發給了所有的家人和閨蜜，最終認識的、不認識的，通通被她拉來按讚，就這樣一個家庭主婦，就為這家照相館帶來了 300 個精準粉絲。

更令我瞠目的是，事隔一個星期，我老婆幾乎所有的閨蜜，都到這家照相館免費拍了 100 張古裝照片，而她們運用的方法與我老婆如出一轍，同樣是累積 300 個讚。我算了一下，眼下我只看到我老婆這一個矩陣帳號，而照相館每天要接待那麼多的人，倘若每天有四五個像我老婆這樣的矩陣帳號，那麼一個月下來，這家照相館所贏得的精準客戶流量也是不可小視的！更何況流量是以 300 個 300 個的係數翻倍成長的，只要這 300 個裡面有那麼幾十個促成了進一步的裂變，那這家照相館的年終業績也是相當可觀的。

第二章　熱銷策略：構建支撐熱銷的強大體系

在我的深度粉絲行銷理論裡，有一個黃金法則，第一條就是「圈層化」，即先找出核心目標消費者群體。我們不可能讓所有的消費者都成為自己的粉絲，但一定要找到產品的核心消費者，然後做深做透，超出他們的預期，打動他們，讓他們產生分享的強烈欲望和衝動，這就是口碑產生的過程。口碑則是引爆大眾流行的導火線。

錯配風險：別讓熱銷品毀了你的品牌

曾經有個朋友和我說：「想要話題就要做熱銷品，有了熱銷品就有了紅利，到時候裂變人氣，後續的發展機遇才能拓寬。」我聽了以後，點點頭說：「你說的有道理，但一切紅利期都是暫時的。如果你在這個過程中不能準確地為自己做點什麼，將意味著任由別人在模仿中超越，到時候你苦心經營的熱銷商品，就會被別人推出的所取代。儘管在整個設計上，對方的熱銷品不過是在你基礎上的改良，但這絲毫也改變不了你的熱銷商品被別人取代的事實。」

而且更讓人跌破眼鏡的是，很多研發熱銷商品的企業不是被本行業的競爭對手淘汰掉的，而是被跨界而來的其他行業的

熱銷裂變篇　賣什麼？誰說「好產品」就是「好賣的產品」？

對手擊垮的。這裡就不得不提到一個經典的熱銷商品顛覆案例，任天堂 Wii 的顛覆。

很多人會好奇，為什麼 Wii 這麼偉大的熱銷商品也會被顛覆呢？其核心原因只有一個，那就是現在的互動介面，與這款熱銷商品適應的時代之間發生了質的改變。

2002 年夏天，巖田聰接任任天堂社長的時候，這家百年老店已經身處風雨飄搖之中。2006 年 11 月 19 日，任天堂發售了遊戲家用主機 Wii，加入了 WiiRemote 控制器後，使得 Wii 創造了一種全新的遊戲方式──體感遊戲。因為能夠滿足玩家的遊戲需求，又能達到健身的目的，全家人都可以參與其中，所以受到了廣大消費者的青睞和好評。截至 2004 年 10 月，主機 Wii 的全球銷量就達到了 1.09 億臺。

可到了 2011 年，任天堂的熱銷卻出現了劇烈的轉折，導致經營業績直線下滑，銷售額同比暴跌了 36%。年終財報顯示，這一年下來，公司虧損了 373 億日元。也就是從那一年起，公司每年的虧損數額，都是一筆意料之外的鉅款。問題究竟出在哪裡？原因很簡單，一款新熱銷商品問世，而它所能給予消費者的快感，已經完全取代了 wii，而且更令人瞠目的是，這款熱銷商品並不是 wii 在行業內的競爭對手，而是更能滿足玩家遊戲需求的一款智慧型手機。

第二章　熱銷策略：構建支撐熱銷的強大體系

　　智慧型手機為什麼能夠對傳統遊戲機產生這麼大的衝擊，原因就在於它對玩家與遊戲之間的連線概念上，完成了本質上的改變。這個質變，就是多點觸控，讓使用者的手指變成輕便的滑鼠。真正推動這場質變的人不是別人，而是使用者本身，是他們的痛點需求，促使遊戲時代完成蛻變，並向著一個出乎遊戲機廠家意料之外的方向發展。於是新的熱銷淘汰了舊的熱銷，而新領域的客戶裂變也必將推動全新的熱銷模式產生。當過去的熱銷商品淪為廢品，原有的消費族群將會被吸引到他們更認同的新熱銷品潮流中，而當新爆品的紅利期過去，它也終將被更新的熱銷概念所取代。

　　那麼究竟怎樣做才能更有效地維繫熱銷商品的生命力呢？首先最重要的一點，我們要搞清楚熱銷商品的真實價值是什麼，研發熱銷的核心目的是什麼。真正的熱銷，未必一定是好賣的產品，但它一定是能夠帶來大量話題的產品。也就是說，雖然我們不能恆久地延續它的生命力，卻可以在推出熱銷商品的紅利階段，最大限度地完成品牌吸睛的任務，創造屬於自己的私域潮流，打造屬於自己的潮流生態裂變環境。這意味著我們不需要總在公域的海洋中尋獵，而要轉向產業內部，改良自己的粉絲服務，完善私有領域的粉絲經濟。我們可以利用人氣打造自己的營運體系，建立自己的經濟架構，開展屬於自己的裂變方法，將新客戶變為老客戶，將老客戶變成鐵粉，將鐵粉發展

熱銷裂變篇　賣什麼？誰說「好產品」就是「好賣的產品」？

為代理商，再將代理商發展為股東。這樣層層遞進更新，即便是昔日的熱銷風光不再，手頭的資源，也足夠推動改良新型熱銷商品的開拓和研發。

熱銷的核心在於人氣的裂變，而人氣的產生，本質上是從消費者的需求整合開始的。誰滿足了需求，誰迎合了消費一級痛點，誰擁有了人氣密碼，誰就能夠在推出熱銷商品的同時，坐擁紅利，贏得利益最大化。

模式裂變篇
從零開始，裂變賦能，
我的玩法我做主！

模式裂變篇　從零開始，裂變賦能，我的玩法我做主！

　　初級裂變玩的是客戶，中級裂變招的是代理，高級裂變加的是股東，超級裂變增的是公司……

　　未來世界的經濟利益，在裂變行銷中不斷更新，中小微企業將在低成本中贏得更多的機遇，因為有了這一爆發利器，不是走在未來，就是走在未來生意的路上。從 0 到 10 的模式晉級，讓你看清格局，打造自主平臺，玩出你的王者思維。

第三章
使用者裂變：
從點到面，「病毒式」擴散

客戶裂變：啟動用戶效應

眼下電商火爆，很多商家採取了各式各樣的裂變分銷模式，這意味著我們將手頭的所有客戶資源裂變的可能。每一個消費者在完成第一次成交之後，他與我們的關係才剛剛開始。

以前的消費者就是消費者，但現在他們卻可以是經銷商，是合夥人，是公司股份持有人。他們對待產品的態度，也從單一的購買轉變為分享和創業，這種與之前截然不同的改變，可以說是瞬間顛覆了生意的傳統概念。消費者不但可以自己完成消費，還可以帶動其他人進一步裂變消費。從數據來看，每個人的社群裡平均有 250 個有信任連線的朋友，而此時的消費者完全可以在完成自我消費的同時，成為產品的推廣者和深度分享後的受益者，這樣一來，不但自己可以享受產品的優惠，還可

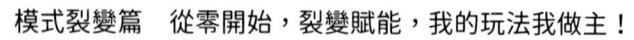

模式裂變篇　從零開始，裂變賦能，我的玩法我做主！

以贏得一筆豐厚的利潤，而這樣的簡單分享和自我經營轉化，也在不同程度上為企業贏得了更廣泛的客戶資源。

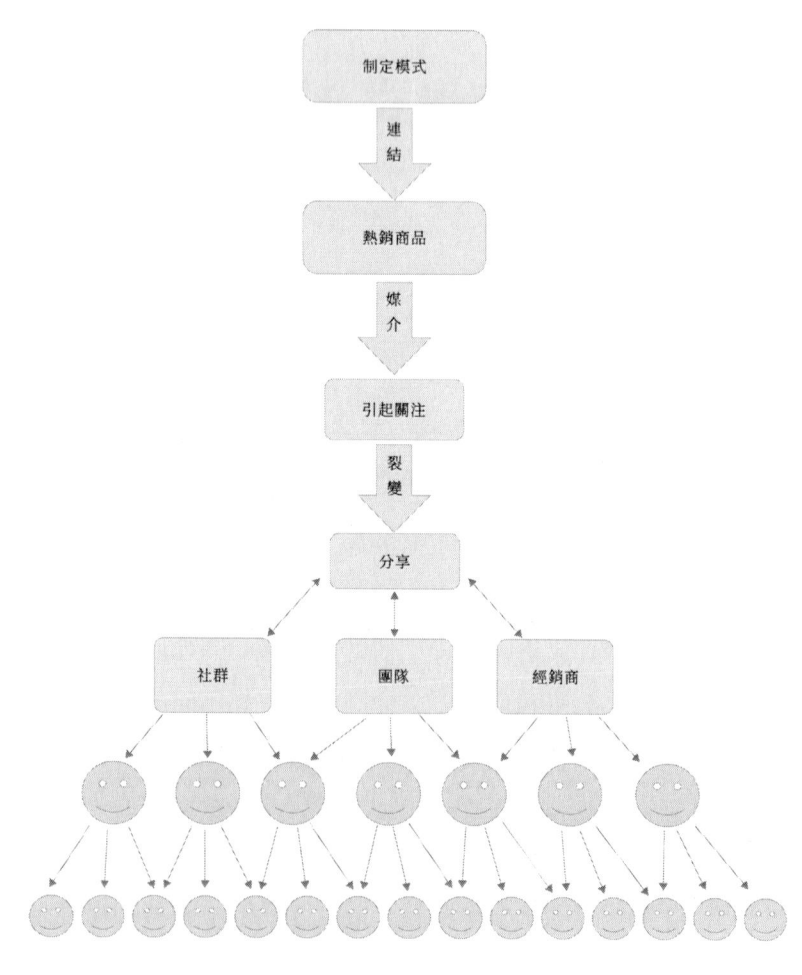

圖 3-1　裂變效應

第三章　使用者裂變：從點到面，「病毒式」擴散

以前的商業模式是工廠透過經銷商銷售，一層一層地向下銷售，每一層都需要利潤，這也導致了利潤較少，而現在情況變得很不一樣了，資訊流通得更快，管道銷售也變得更加多樣，更加輕鬆了。每一個消費者都可以銷售公司的產品，分享公司的產品，並從中獲得豐厚的利潤回報。現在很多大品牌也在嘗試著採用分銷模式完成銷售業績，毫無疑問，其所收穫的效益還是相當可觀的（詳見圖3-1）。

在分銷模式中有一些關鍵內容值得多加關注。例如，回饋金應該以什麼樣的形式呈現？錢什麼時候到帳，具體時間是什麼樣的？能不能及時檢視回饋餘額？要不要提供相關的個人數據？你所分配的利益是否能夠獲得客戶的認同？這些內容都需要企業在制定電商裂變分銷模式的時候，提前將一切細節內容考慮進去。這樣才能在滿足消費者需求的同時，最大限度地擴充使用者資源，完成進一步的客戶裂變。

那麼究竟什麼才是客戶有效裂變的直接途徑呢？從根本上講，著手措施無外乎當下的兩種類型：一種是穩紮穩打型，另一種是快速爆破型。至於選擇哪種，要根據自己的實際情況而定，這也意味著要在不同的時間、空間打造與自己最切合的策略和方法。

假設一個電商，資金十萬元起步，手中的資產屈指可數，

模式裂變篇　從零開始，裂變賦能，我的玩法我做主！

手中沒銀子，眼前無團隊，這或許是每一個創業者在創業之始所面對的難題，而這時候首要關鍵是，先培養出自己的第一批優質粉絲，他們可以是自己的策略夥伴，也可以是自己的企業成員。總而言之，他們是願意跟自己一起打拚的人。那麼人海茫茫這些人到哪裡去找呢？有能力的人很多，但心不甘情不願地一起努力也是枉然。身為一個領導者，最核心的能力，就是輸出自己的價值。當這種價值的輸出被他人接受，透過裂變不斷地向外傳輸，你就會形成屬於自己的能量光圈，讓人想要接近你，願意拿出更多的時間關注你。其原因也很簡單，你的價值輸出能夠讓他們獲益。

有了粉絲就要讓他們踴躍地參與自己的經營，讓他們成為自己的朋友、員工、客戶，讓他們始終與自己站在同一條戰線上。不論採取什麼樣的營運模式，所有的模式都必須是為這樣的一種參與感服務的，它需要展現專案最佳的發展歷程，完善每一個營運環節。完善的過程從某種角度來說，就是進一步培養信任的過程。也就是說，起初想要贏得粉絲，是需要花費很大成本的。這些意味著將要投入很大的精力，去培養他們，用價值塑造他們，直到他們被培養成為自己的鐵桿，才能更進一步地將自己塘裡的魚養起來，建立專屬自己的私域客源，打造屬於自己的生態圈和生態鏈。

其實就當下而言，每個人的價值不僅是一個人氣，從某種

第三章　使用者裂變：從點到面，「病毒式」擴散

程度來說，還是一個自成體系的媒體。大多數人都有社交軟體，大多數人都有 YouTube，大多數人隨時都可以打開直播，大多數人都可以將自己的資訊公開在網路上，只要自己想運作，這些不同管道的媒體內容就會和他們產生交集，也和企業自身的品牌行銷裂變效應。總而言之，不管你運作得好與不好，媒體就在那裡，只不過是做與不做的問題。不管你在與不在，平臺就在那裡，不過是看與不看的問題。不管你行與不行，點閱率就在那裡，不過是品質與品質的關係。每個企業都在選擇屬於自己的優質能源和人氣，而與此同時數據的載體也在不同程度上選擇自己心儀的對象。這種互動是微妙的，但同時也是最考察營運模式和智慧的。

　　如果你發現十幾位行業先驅自媒體人，都在瀏覽同一個事件，這個事件的影響力一定是震撼的，這會給你一種很直觀的感覺，就是品牌的勢頭到來了。要讓別人意識到你的存在，接下來的任務就是吸引足夠多的團隊，選出每個團隊的隊長，打造屬於自己的電商帝國。不可否認一個品牌的快速崛起，必然會伴隨著另一個品牌的衰落，而優質的團隊和隊長，在電商帝國崛起的過程中發揮至關重要的影響力。那麼如何營運自己的團隊，又如何管理好自己的團隊隊長呢？只有你能夠做足夠多吸引對方的內容和動作，讓他看到自己的勢頭、理想和希望，他才會緊跟其後。讓自己的理想成為別人的理想本身就是需要

模式裂變篇　從零開始，裂變賦能，我的玩法我做主！

成本的，對於市場而言，這個營運模式本身就是一個新行銷關聯體系。

當你招募了足夠多的聯合發起人時，就算是順利地走出了自己行銷裂變的第一步。接下來，還有很多關鍵的爆破步驟，需要你經營好每一個層級的內容，在內容與內容之間完善好無縫的連結黏合體系，它是層層遞進的，每個層級之間的營運模式也各有差異。儘管差異不同，就使命而言是協調統一的。

舉個例子來說，你的層級是這樣的：從上到下，聯合發起人有 16 萬個，代理有 3 萬個，代理需要花費成本 15,000 元，特約代理則只需要 2,500 元，不同的級別，不同的待遇，當你招募完聯合發起人以後，你所要做的，就是隔著一層開打，不招募太多的代理，而是專攻於特約代理。這麼做的原因很簡單，招募門檻低，其所給自己帶來的收益和價值也是最高的。就營運模式來說，營運一個特約代理，遠遠要比營運一個代理容易得多。比如說本來的門檻是 15,000 元，現在只要 3,800 元，同時釋放一個政策，你隨時可以推薦 3 個同樣層級的特約代理以後被晉升為代理。你可以想像，如果 100 個聯合發起人，招募了 500 名代理，每個代理又能推薦三個代理，那麼由此推算，你的團隊代理的人數就非同一般了。本來就幾個人，就這樣裂變出了 1,500 人，關鍵是你的代理也就有了最合適的

第三章　使用者裂變：從點到面，「病毒式」擴散

人選，無論是從能力，還是從忠誠度上都不存在任何問題。至此，從人頭數量來說，你的層級間有了相當可靠的保證，這個初始階段就算全部大功告成了。接下來，要做的就是進入常規的營運期，扎扎實實地做好自己的營運模式。

下面就讓我們一起來完善一下後續的流程，比如製作一個完美的招商文案，快速爆破行業的人氣值，低門檻紅利，限額限時，快速填充每一個層級。這樣一來，層級間就會彼此更加充實，連線更加緊密，彼此更加忠誠和默契了。

簡單的一個粉絲群裂變分銷機制，就抓住了核心股東和精準客戶，本來不可能的事情，就這樣輕而易舉地辦成了。在整個分銷過程中，除了壓低了成本，進行資源置換，最主要的是，透過粉絲團裂變模式，以最快的速度完成了現金機制的迴流。如此迅速的裂變速度，讓所有的粉絲都快速地活躍起來，這就是老闆在客戶裂變模式上的智慧所在。很多事情看似辦不成，只要轉變一下模式和策略，你就會發現那些自己想要攀爬的高山，登頂其實也沒有想像中的那麼困難。

模式裂變篇 從零開始，裂變賦能，我的玩法我做主！

心理戰術：掌控粉絲團消費行為

每當提到粉絲團客戶裂變行銷戰術，很多朋友就開始盲目地照搬書上的理論。書上不是說要把身邊的客戶變成自己的合作夥伴，把合作夥伴發展成自己的經銷商嗎？那好，我現在就認真地對待我身邊的每一個客戶，只要有客戶來，我就鼓勵他加入自己的經銷商團隊，發給他一大堆資料，讓他去背，這樣才能對我們的產品進一步地了解。

更有甚者，直接把所有客戶拉一個社群，每天在社群裡一味地介紹自己的產品，推廣自己的產品。從表面上看，他們每天的工作兢兢業業、勤勤懇懇，但事實上不論是他們還是客戶，心理上都已經進入了疲勞期。本來有些客戶覺得這款產品還挺好的，結果被他們這麼做給嚇跑了。問及原因，回答也很直接：「我只是想買東西，你為什麼要讓我做那麼多功課？」由此看來，粉絲團消費裂變也是需要講點心理戰術的。對於客戶而言，他不會排斥成為你的經銷商，但他絕對會排斥你讓他做功課。如果這個時候，你把自己該做的工作全部推給客戶裂變出來的經銷商，結果只有一個，所有的經銷商之後會一點點地蛻變為殭屍粉。因為你讓他做的事情太多，多得讓他內心惶恐，在他看來，社群發文是件很自然輕鬆的事情，所要做的僅

第三章　使用者裂變：從點到面,「病毒式」擴散

僅只是一個分享就可以。

這就是為什麼同樣是透過粉絲團做官方帳號吸引人氣,有人迅速漲粉,而有人卻無人問津。裡面的一個主要問題除了營運模式的原因外,更多的就是很多企業沒有切實掌握客戶裂變的必要法則。

我們常說一個人就是一個 1,而這個 1 想產生人氣,就要進行一次完整的互動交流。這個交流中也許是成交的,也許是不成交的,但不管怎麼說,以產品為契機,我們與客戶有了一次正面的溝通機會。

從某種角度來說,這樣的機會可以算是一次精準的社交。從相對機率而言,成交客戶成為粉絲的機率總要比不成交的粉絲機率高一些。那麼怎樣做才能最大限度地拓寬粉絲裂變區域,最大限度地匯聚人氣呢?

誰掌握了消費者心理,誰就能最大限度地達成精準社交,拓廣人氣基數,更進一步地推廣自己的裂變更新模式。俗話說得好,大街上想讓人停下來跟你聊幾句,首先得讓對方對你產生興趣。產品也是一樣的,我們必須在幾秒之內,讓對方對自己的產品眼前一亮,願意停下幾分鐘或者更長時間了解我們,再花更長的時間來體驗我們的服務,直到對我們表示全面的認同,成為我們的粉絲,粉絲又裂變成了粉絲經濟,他才有可能

模式裂變篇　從零開始，裂變賦能，我的玩法我做主！

帶著讚許和使用者的態度，成為我們忠實的產業合夥人。

那麼什麼是完成這一流程的客戶裂變心理學概念呢？其主要分為 5 個部分（見圖 3-2）。

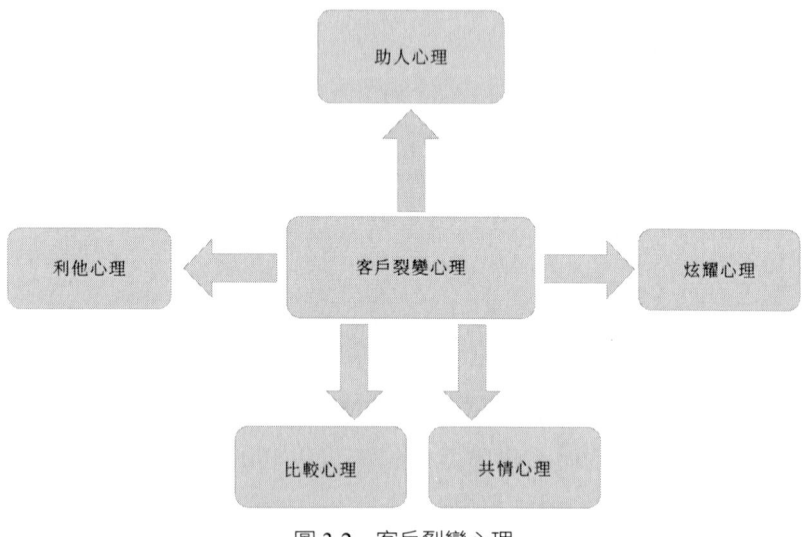

圖 3-2　客戶裂變心理

1. 助人心理

這個世界上想賺別人的錢不容易，但是想找一個尋求你幫助的人卻不困難。與其盲目地一味求索，不如先想想怎樣能夠設身處地地幫助別人解決問題。也許別人從我們這裡尋求的只是一次性購物，但或許同時，我們還可以有別的機會給到他們。比如此時的他們缺錢花、想創業、想做兼職、想有一份額

第三章 使用者裂變：從點到面，「病毒式」擴散

外的收入，而此時的我們便可以以一種幫忙者的身分，走進他們的世界。你想賺錢我幫你，沒有思路我幫你，想要創業我幫你，想做兼職我幫你，沒有產品我幫你，沒有管道我幫你。當所有的我幫你在別人眼前一個個地閃現出來，那種驚喜感和喜悅感當然是不言而喻的，想不到一次購物，還能為自己贏得這麼多機會和好處。這樣的好事，無論誰都不會輕易錯過。

2. 利他心理

很多朋友說做生意的人，百分之八十的心都是利己的。事實上，在新電商時代，如果你不能夠拿出一定的收益餽贈給別人，那麼拉著別人和自己一起玩的可能性幾乎為零。同樣是一款產品，我為什麼一定要買你的？我為什麼一定要選擇你？如果沒有利潤所圖，同樣是選擇，別人當然是會選擇 CP 值更高、更優惠、更能得到利益的品牌和產品。但是，如果這個時候，你能夠表現得大方一些，將紅包活動、免費活動、讓利活動、股權活動接連不斷地開展起來，那想必所有人都會因為激勵，而變得動力十足，充滿活力。

3. 炫耀心理

有的商家會告訴消費者，購買此產品可以幫你賺錢，你還能成為我的合作夥伴，發展自己的事業，創辦自己的公司。有的商家還會列舉一些與他們合作的客戶，在短時間內就賺到了

模式裂變篇　從零開始，裂變賦能，我的玩法我做主！

第一桶金。這其實就是一種炫耀心理，透過這種炫耀吸引消費者注意，讓他們產生想要加入的想法，從而找到代理商或合作夥伴。

4. 攀比心理

當看到別人賺了錢後，自己也想藉此賺錢，這就是人的攀比心理。你過得好，我一定要過得比你更好。這個心理效應一旦被企業利用，就可以快速地產生粉絲裂變更新效應。例如，今天小張買了我的東西，卻沒花一分錢，不但沒花一分錢還賺了 10,000 多元。肯定有人問是為什麼呢？於是小張說：「沒什麼，就是多發了幾條社群文，爭取到了 100 個讚，還建立起了幾百人的粉絲團，而且這個粉絲團正陸續不斷地在為我創造收益。」肯定有人還會問：「為什麼要建立粉絲團啊。」小張會說：「就是為了買東西免費啊！現在我已經成為這個產品的經銷商了，每天社群裡誰買東西我都能提成。」一聽這，很多人的攀比心就會被勾起，心想我的粉絲團比你經營得好，我的朋友比你多，如果我也去購買這款產品，成立一個你那樣的百人粉絲團，應該會比你賺錢吧！

於是，看到人、看到錢、看到真相，更多的人就會因此受到鼓勵，紛紛湧入後續的人氣裂變浪潮之中了。

第三章　使用者裂變：從點到面，「病毒式」擴散

5. 共情心理

人們常說，買東西能戳中痛點，那才叫雪中送炭。客戶裂變這件事，我們需要的就是這種共情心理：你的需求我知道，你的想法我知道，你的痛點我知道，你最想要什麼我知道。我保證你加入我們以後稍稍做一點工作，就能源源不斷地賺到額外收入。我答應你如果想創業的話，我就是你的後盾和助力，沒錢沒關係，沒思路沒關係，沒管道沒關係，沒方向也沒關係，這些我都有，關鍵是你要不要參與進來。於是對方一想，既然我想的你都知道，那你的方案應該是錯不了的，也許就是我想要的，既然現在不需要我付出高昂的成本，怎麼看自己都算不上吃虧，那麼不如就買個東西試試吧！欲望就這樣在共情中不斷裂變，眼前的池塘儼然成為合作雙贏的美麗家園，這樣完美的行銷策略，有誰會不為它所動呢？

看完這些，想必你對粉絲團的客戶裂變行銷策略，也已經基本形成了概念。所有的行銷策略，都是需要建立在消費者心理架構的基礎上的。如果此時的我們，能夠提前意識到這個問題，能夠準確地掌握精準客戶的心理，那麼毫無疑問，完成客戶裂變模式的改良，將會成為一件水到渠成的事情。想擁有百萬粉絲，想讓百萬粉絲不斷裂變，這個世界沒有不可能，整合好眼前的一切，掌握好自己的戰術和資源，任何人都能在裂變行銷這條路上無往不勝。

模式裂變篇　從零開始，裂變賦能，我的玩法我做主！

心理戰術：掌控粉絲團消費行為

做電商的人，總會面臨一個非常頭痛的問題：那就是如何做到精準行銷？它幾乎是所有電商行業人士關心的話題，也是電商行業長遠發展的關鍵所在。人們常說，做什麼行業都需要有客戶，做電商同樣如此。有些電商行業的人會依靠電商平臺提供行銷方案，也就是在電商平臺上完成精準的行銷。

要想完成聚粉行銷，首先要做的就是建設好自己的精準人氣管道，它意味著我們要在這個精準行銷時代，用最少的錢，最少的時間，獲取最多的精準客戶。這意味著我們需要建構一個強大的生態關係鏈條，它是整個關係鏈中最容易獲取人氣的入口，人們因為關係而產生價值，社會因關係而存在。一切社交產品，都是基於這種人與人之間的關係產生的。前面說過，一個人就是一個矩陣圖形，他所連線的關係網是無窮無盡的，一旦關係鏈條產生，人與人之間的互動距離將會迅速縮短。這也就意味著，這條無形的關係鏈條將成為企業獲取關注度的最佳途徑。

這時候很多人會說，拉關係誰都會啊，隨便加上幾百個好友，建幾個群，一起聊聊天，群裡的人彼此就產生了連繫。有了初級連結，不就有了做強做大的關係連結機會了嗎？可是你

第三章　使用者裂變：從點到面,「病毒式」擴散

有沒有想到,關係鏈和核心思路不是關係鏈本身,而是它的精準性。這種精準性是更為簡單直接的,也是更富有目的性的。

舉例而言,LINE 官方帳號粉絲團獲取人氣建立關係不難。現在誰沒有幾百個好友?我們需要以此為媒介找到更多志同道合的人,讓他們對自己的產品產生興趣,對自己的經營理念表示認同,邀請他們加入,在合作雙贏中製造自己的粉絲經濟。

怎樣促進增粉,讓精準客戶快速裂變?其實,操作上並不是那麼困難,下面就讓我結合自己的親身經歷,向大家分享,看看裡面究竟包含著怎樣的智慧。

在年初的時候,一家公司的負責人向我求助,說快營運不下去了。我納悶地問:「到底發生了什麼?」他搖搖頭說:「生意不好做啊!」於是我便問他現在的行銷管道有哪些,他說現在還是透過電話對客戶進行逐個推銷,而員工面對這樣枯燥的勞動,早就已經提不起一點精神了。我聽完這些說:「這種銷售方式已經過時了,你要採取裂變行銷手段,利用社群粉絲經濟提升自己的銷量。」

聽到粉絲經濟,他說:公司以前也有幾個聊天群組,客服在粉絲團也時不時地發些廣告,但收效微乎其微。於是我意識到,這就是我們常說的 0 基礎,0 粉絲案例。後來他們建構粉絲經濟精準客戶裂變模式,沒多久就鎖定了 10 萬個精準客戶。

模式裂變篇　從零開始，裂變賦能，我的玩法我做主！

他們是怎麼做的呢？

他們用新手機號註冊了10個通訊帳號，並且都連結了銀行卡，做了實名認證，並購買了理財產品。因為老闆手裡有一些客戶電話名單，但精準性不高，所以他們決定重新在網路上裂變出海量的客戶。他們先設計好每個帳號的名稱、頭貼、性別等。性別都寫成女性，因為女性群體對於客戶而言，更容易獲得信任。

為了保險起見，他們並沒有使用軟體自帶的加人模式，因為這樣很容易出問題。當時附近所有的客戶，都是他們一個個手動新增的，或者是從本地的聊天群中找的。加人的第一步也非常簡單，操作半個小時，每個帳號上就加了十幾個人，有些甚至還是別人主動加入的。這樣每個帳號上都加到了不少的好友，於是他們開始主動跟這些人聊天，問他們是做什麼的、愛好什麼、生活上有哪些習慣。而且設計了一句話，如果對方對生活、工作是比較積極的，他們就發一個紅包作為獎勵。這樣別人看了之後，也會非常好奇，對你這個人更是關注。這時候，有些人開始問他是做什麼的，而他的回答也很簡單：「我現在正在創業。」然後會展開一些積極、正面、陽光的話題互動。只要溝通愉快，沒有生疏感，就發一個紅包。紅包不要求太大，50元就行，因為這樣的互動可以更快速地增進彼此的感

第三章　使用者裂變：從點到面，「病毒式」擴散

情。在發紅包的時候，會附上「感謝時間，讓我遇到那麼好的你」之類的話。當別人領取紅包之後，便會有人跟他說謝謝。這時候他就會說：「你有沒有本地的聊天群組，能不能把我加進去呢？」這時候有人會問：「加群組幹嘛？」他會對他們說：「因為我想認識更多朋友啊，如果你把我家進群組，我還會發紅包給你。」這時一般人都會願意把他拉進新群組裡。

進群組以後，一定要鋪陳到位，跟大家熱火朝天地熟聊，要不然即便是發紅包，別人也不怎麼願意拉你進去。這個方法，是可以變通著使用的，用通訊App上的10個好友來操作，你會有大大的驚喜。

就這樣，他們從10個帳號、0個好友，到新增好友，再到有效地進行好友互動、發紅包，要求別人拉自己入群，一個小時的時間，他們的10個帳號，加了100多個好友，進了200多個當地的聊天群組。每個帳號加了十幾個好友，有人拉他們進一個群，也有進很多群的，然後便是進群後的互動聊天，發紅包鼓勵，增進感情，然後加好友，再發紅包獎勵拉群。就這樣先後進了200多個群。他們的狀態依舊是隱蔽的。他們並沒有急著發廣告，而是做了後續的兩步：第一步，進群融入大家的話題，因為是正常交流群，他們需要先看看這個群裡的人究竟都在聊些什麼，然後就給大家發紅包。這樣就很快地在群裡

模式裂變篇　從零開始，裂變賦能，我的玩法我做主！

混熟了。第二步，就是和群主拉近關係，這點是非常重要的，因為群是他說了算的，你發紅包之後，可以在群裡 @ 群主，出來搶紅包。如果群主說話了，可以在發紅包的時候，寫上感謝群主的話。這樣一來，群的主人開心，後續的工作自然也就能夠順利地進行了。

就這樣，在 10 個帳號裡，200 多個群組裡，主動加他們為好友的，就有 1,000 多個人，平均每個群就有好幾個加他們為好友的，而且他們也主動加了幾個群主，然後都做了備注。

下午上班以後，繼續按照這樣的步驟進行操作，到下午五點半下班的時候，公司 5 個人，10 個帳號，一共加了 5,000 多個好友，進了 1,000 多個群，加上的群主也有二三百人之多。這樣一來，平均一個人操作兩個帳號，每天都花上幾個小時，主動或者被動地加上 1,000 個左右的好友，進入 200 多個群。慢慢地，這樣的模式便在他們的工作人員中間開始裂變，他們一個人可以獨立管理一個帳號。也就意味著這幾個帳號完善以後，就可以管理幾百個聊天群組，有了這樣的粉絲裂變速度，人氣便得到了保證，也就有賺錢的可能了。

有了網路客戶和聊天群組以後，接下來要做的就是有效地服務客戶，並且篩選精準的客戶，最後促成交易。這時候就需要他們準備好相關的溝通話術，並將這些內容，提供給第二

第三章　使用者裂變：從點到面,「病毒式」擴散

組。並在下午的時候,給已經成為好友的 300 多個群主聊天。總結下來,方法只有一個,源源不斷地發展自己的管理團隊,並認真地進行操作實踐。就這樣,5 天下來,5 個團隊,已經利用 55 個帳號,主動或被動地新增了超過 10 萬人的好友,進入的聊天群組也有 8,000 多個了。更令人感到震撼的是,在他們新增的好友中,光群主就有 4,000 多個。

這樣一來,粉絲很快就聚攏起來了,於是他們開始進行自己的計畫,有意識地透過一些精美的文案、巧妙的行銷推廣技術,一步步地朝著自己的精準客戶靠近。經過多方的挑選,他們從眾多群中挑選出了 3,000 個精準客戶,又將其中的 500 個人成功發展成了自己的經銷商。於是後續的方法,開始緊鑼密布地上演了,他們再也不擔心自己沒有客戶了。相反,他們將更大的重心放在了精準客戶的粉絲裂變上。很快,他們的努力就產生了回報,成交數額終於開始提升了。粉絲商業體系,也因此有了雛形和框架。

從 0 到 1 難嗎?精準客戶裂變真的只是天方夜譚嗎?按照這個想法,路就在腳下,邁開腿才知道將走向何方。不要覺得夢想距離自己很遙遠,想要增粉、聚集粉、找到精準粉,往往就是從你決定付諸行動的那一刻開始的。

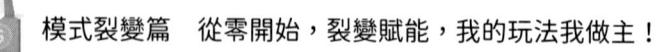

模式裂變篇 從零開始,裂變賦能,我的玩法我做主!

第四章
平臺裂變：
人氣變現，打造商業根基

私域進化：建立屬於你的專屬客群

別看辦公室裡就坐著這麼兩三個狀態懶散的人，他們的電商企業，也許年收入就能高達幾千萬元。究竟怎麼做到的？為什麼你做不到，原因很簡單，人家有人氣，會整合運作人氣，能夠調動人氣的活力和積極性，善於運作粉絲經濟。

當你還在尋找高名氣店鋪的時候，人家已經在賣貨了。當你在苦苦向別人推銷的時候，人家的出單機都不知道用壞多少個了。

當你在努力打拚外環市場的時候，人家已經在自己的私域客源裡裂變出了不知道多少「小魚」。想想看，不論是從成本、投入、精力上，還是從業績、銷量、經營上（即便過去的營運模式，在你的營運下已經爐火純青），面對這樣的對手，你只

模式裂變篇　從零開始，裂變賦能，我的玩法我做主！

能甘拜下風。這意味著你的艱辛不如電商平臺上的一個「撒糖比心」，你的苦心經營，不如別人一個「按讚分享」，你的累積客戶，不如人家的「粉絲裂變」。為什麼你每天風吹雨淋，賺的錢卻是人家躺在家裡獲利的很小一部分。

差距在哪裡，看看自己手裡的人氣資產，一切就一目了然了。

行銷的發展史本身就是一部最了不起的人氣發展史。私域客源之所以那麼受企業關注，其主要原因就在於企業對客源的獲取，在源源不斷地產生焦慮。如今很多有強大公域客源的行業體系，已經漸漸形成了飽和之勢，要想從它們那裡獲得客源的成本越來越高，而且即便投入了高成本，所獲的回報也可能與自己期待的不成正比。要想成為自己的主人，就要有屬於自己的客源。不僅僅要有屬於自己的客源，還要創造屬於自己的方法。不但要創造屬於自己的方法，還要讓所有的財富不斷裂變，要讓粉絲不斷裂變，而這一切是要在低成本、低投入、低風險的狀態下，高效率完成。

那麼怎樣有效地建立屬於自己的私域客源呢？主要是營造強大的親近感和認同感，首先，如果行銷者本身就是一個消費者和分享者，所有的產品資訊自己都是親身體驗過的，再將這些資訊傳播出去，與粉絲互動，就會很自然地形成信任關

第四章　平臺裂變：人氣變現，打造商業根基

係。對於使用者來說，找一個親身實驗過且了解產品的人進行有效溝通，不但對產品的距離感更近，還能節省很多時間。越是在這樣簡化思維的互動下，所能鎖定的客戶就越精準。總而言之，行銷者要像是粉絲的一個親密朋友，是具有「真實、信任」感的特質消費者。

私域客源裂變所帶來的是強大行銷震撼力，這些潛在的經濟就這樣在無形中，經過系統的整合，成為我們手中任何人都搶不走的財富。它意味著我們將建立自己的行銷體系，建立自己的商業帝國，建立屬於自己的經典玩法，而在營運這一切的過程中，你從來都不會缺少擁護者、認同者和陪玩者，所有的人都會在你的調動下，更積極、融入、黏合，直到這些人氣在迅速裂變的浪潮中成為一股強大的洪流。

圈地賦能：裂變＋電商的快速增效模式

說到裂變思維下的超級賦能，不知道此時你的腦海中想到了什麼。曾經有一個朋友跟我說：一個人就是一個媒體，他們隨時可以迸發出更大的活力和機遇，關鍵就看你怎樣有效地整合利用。如果方法得當，你一定會獲得很大收益。這種由點

模式裂變篇　從零開始，裂變賦能，我的玩法我做主！

成面的社交力實在是太雄厚了。即便是你想和美國總統喝杯咖啡，只要找對那麼五六個人，應該也不是一件多麼困難的事，這就是邀請裂變，舉個例子，成立一個咖啡品牌，推出免費贈送活動，只要下載專屬 App 註冊成為會員，就能免費獲得一杯咖啡，同時只要將 App 分享給一個人，也能獲得一杯免費咖啡，在這種模式下，很快就能吸引大量的客源。

利用老消費者資源來獲取新消費者，透過一定的獎勵來吸引老消費者為品牌召募新血，在對新客戶給予獎勵的同時，也向老客戶發放獎勵。這樣一來，不管是受邀者還是邀請者，雙方都會很開心。

事實上，這種裂變思維邏輯完全可以用在各行各業的每一個領域中，只需要我們將資源進行整合，將獎品準備好，然後將它們發放到最早的一批種子消費者手裡，透過他們的分享和轉發，將有源源不斷的消費者加入社群，實現粉絲裂變的雪球效應。一般來說，100 個種子消費者實現 200～1,000 個消費者的裂變是一點問題都沒有的。但針對不同的行業，不同的消費者群體，如何設定發放獎品，又如何快速地整合手裡的資源呢？答案很簡單，首先我們先把自己的「魚塘」建立起來，用「魚餌」把一部分「魚」吸引過來，讓他們進入自己的遊戲規則。

這樣，掌握了所有管道以後，我們便可以掌握「池塘」裡

第四章　平臺裂變：人氣變現，打造商業根基

裂變「魚兒」的所有動向。我們不但知道怎麼餵養他們，還知道怎樣讓他們裂變得更快。同時，我們還可以放寬自己的空間，永遠不會讓他們覺得受到限制。這才是裂變思維中最根本的一個環節。怎樣打造屬於自己的裂變行銷環境？如果手機上有這麼一款 App，專門為你的一切行銷需求量身設計，裡面所有的使用者都是你的產品的忠實粉絲，而且粉絲還在你的經營智慧體系下不斷裂變壯大。我想，但凡是思路開闊一點的人都會覺得，那真是一件天大的好事。

回顧當前的行銷市場，你會很自然地發現，一款 App 從出現到爆發的速度越來越快了。之前有很多產品和行銷活動，都是在獲得新聞媒體曝光之後才爆發的。現在很多產品，卻是我們先從社群上看到，嘗試各種體驗後，才會在新聞媒體中出現。在 App 營運中，裂變行銷可以說是功不可沒。究其核心，主要是因為這是一個全民社交的時代，社交裂變可以透過粉絲團實現低成本、快速獲客的目的，成為市場行銷的重點。

那麼，怎樣透過一款 App 痛快淋漓地玩轉「裂變」行銷呢？其實核心箴言只有 6 個字：「團」、「幫」、「砍」、「送」、「比」、「換」。

模式裂變篇　從零開始，裂變賦能，我的玩法我做主！

■ 第一字：「團」

一想到「團」，你的腦海裡或許已經蹦出了諸如「團購」、「揪團」之類的字樣。使用者透過邀請朋友，就可以一起買一件低價的產品。只要你開啟了這款 App，裡面的所有內容都是圍繞著一個「團」字連軸轉的。實踐證明，只要操作得法，所能獲得的效果極其驚人。

■ 第二個字：「幫」

「遇到問題了嗎？作為幫忙的交換，給我邀請幾個好友吧！」在運用 App 的過程中，很多人會遇到這樣那樣的欲望瓶頸。例如，此時你正在玩一場遊戲，到通關的時候，發生了一點小狀況，一時不知道該如何處理，於是便想要向別人求助。這時候，系統裡的要求就是：

「我可以免費幫助你解決問題，但是你能否為我拉幾個好友進群？」

想到自己不用掏錢就能解決問題，多半的朋友會對這方面比較慷慨，在無形中，App 的使用者資源就開始源源不斷地裂變。一個人在玩通關遊戲的過程中，問題肯定不止一個，而每次遇到問題，首先想到的就是運用這樣的方式解決問題。這也就意味著一個人在解決問題的過程中，源源不斷地給系統中帶來新的客戶。

第四章　平臺裂變：人氣變現，打造商業根基

■ 第三個字：「砍」

你一個人買東西，說這東西太貴了，估計有人不會理你，但是如果你找了 10 個人一起去找店家談價格，人家可能會給你個表示，但是如果你找來 100 多人一起去跟店家談價格，每個人至少買上 10 件貨，那估計店家都要拍掌給你叫好了。由此，人們為了要買下自己心儀的商品，首先想到的就是發動自己身邊的人，找到一切可以跟自己一起砍價的人和機會。於是，只要是認識的人都會嘗試被邀請，有些人最終欣然同意，原因也並不在於交情有多深，而在於這東西自己確實也需要。這就是「我未必跟你多熟，但我可以跟你一起砍價剁手」。很多在現實生活中針鋒相對的人，在 App 的砍價風潮裡，卻是親密如同袍。

當然不管現實生活中你與他人的關係怎樣，只要你買了東西，店家高興，你高興，和你一起砍價的人高興，就很完美了。

■ 第四個字：「送」

所謂送，有可能是一個紅包，有可能是一份禮品，當然也可能是一個超值的熱銷商品。總而言之，只要你完成了我給你的邀請任務，你就完全有資格贏得這場免費還送禮的特殊寵愛。對於客戶而言，倘若邀請幾個朋友就可以贏得這麼多的餽贈，肯定不會過分猶豫，畢竟邀請別人總要比自己花錢實惠。

模式裂變篇 從零開始，裂變賦能，我的玩法我做主！

於是買的人分享了一大批精準客戶，精準客戶為了豪禮又分享了一大批精準客戶，結果精準客戶越來越多，龐大的體系足夠讓系統源源不斷地獲得銷量。

■ 第五個字：「比」

除了利益驅動還要有榮譽驅動，這裡就利用了所有人都擁有的好勝心，而 App 的好處就在於，我們可以進行系統內的各種設計，比如消費排行榜，前十名有資格獲得系統贈予的超值大禮包，前三名有資格獲得系統贈予的港澳七日遊套餐，第一名則有資格獲得系統給予的 50,000 元現金。但前提是，你一定要是系統的明星客戶，能夠在數據上體現出你給系統帶來的豐厚利潤。這個利潤的計價方式，也未必只是你來買東西，你可以源源不斷地介紹新客戶。這些客戶不管成交了什麼東西，你都可以分享紅利，而他們買東西的那些金額，也都可以算作你的業績。這樣一來，每天排行榜都在晉升，越是接近頂端的，越會努力分享。被分享的客戶也會覺得，我現在買了東西，如果不做分享的話，那不就等於賠錢嗎？你看人家都拿到港澳遊了，我也不能落後啊！這麼一比，動力就來了。動力來了，活躍度就上去了。活躍度上去了，粉絲裂變，裂變銷量也就開始爆炸式成長了。

第四章　平臺裂變：人氣變現，打造商業根基

■ 第六個字：「換」

　　換的 App 裂變行銷思路，或許比很多客戶裂變方式來得更直接。

　　你給我介紹新客戶，我得到客戶以後立刻將這些客戶轉換成積分送給你，你用這些積分，可以在平臺上隨便消費。這麼一想，立刻開始行動，認識不認識的全部都介紹進來，而進來的人也看到了這個優惠，自然也會毫不吝惜地分享給自己的客戶。於是來的人越多，換的積分也就越多，換的積分越多，精準客戶就越多，等到裂變的浪潮越來越強大，這時候再加入一些技術性的行銷活動就是輕而易舉的事情。有人的地方才有江湖，關鍵是我們得先引導精準客戶進入自己的江湖。

　　當前市面上快速崛起的產品和服務，你仔細想想，多半都被這 6 字箴言籠罩著，這個世界上所有的生意都是被關係和興趣驅動的，掌握好人群的欲望和需求，也就相當於掌握了精準客戶的心理。

模式裂變篇　從零開始，裂變賦能，我的玩法我做主！

商業布局：升級你的老闆格局

在這裡，我真的想和大家分享一下老闆的格局。一些企業家在商場上兢兢業業地拚搏事業，可他們的困惑卻是，為什麼自己這麼努力，卻還是打不過別人，還是會被淘汰？看到他們委屈的樣子，我只能說這個世界，早已經不是很努力就能很賺錢的時代，如果你不能重新整合自己的運作模式，那麼即便你付出 300 倍的辛苦，依舊改變不了失敗的命運。這就好比拿著長矛、寶劍拚別人的機槍、大炮，你再努力，別人也可以三兩下就打倒你。

身為一個老闆，我認為格局應該分為 3 個層次：見自己、見眾生、見天地。

什麼叫見自己呢？首先你要真實地了解自己，正面對待自己的欲望，知道自己想要什麼，夢想是什麼，優點是什麼，能力是什麼？不足在哪裡，有什麼樣的資源和助力。這一切都需要我們提前對自己進行評估和了解。

什麼是見眾生呢？完成了對自己的精準評估以後，我們就要思考下面這個問題。如果眼下我想實現的夢想就在那裡，但自己所具備的能力與之還有一定的差距，那麼我究竟可以從別人那裡獲取點什麼？

第四章　平臺裂變：人氣變現，打造商業根基

　　他們的缺點是什麼，優點又是什麼，而我又應該怎樣對這一切加以利用，讓他人成為自己生命中的助力，避免隱患和缺點，讓自己一步步地更接近成功。

　　什麼是見天地呢？了解自己了，也了解眾生了，那麼下一步就要去了解天地這個大環境了。當下的時代發展朝著哪個方向邁進？接下來的我又該朝著哪個方向做？在這個時代浪潮中，究竟隱含著哪些機遇？我又應該怎樣掌握這個機遇，對手裡的資源進行整合，讓它們可以支持我，做更多自己想做的事情？

　　身為老闆，你能把這些問題想清楚，那毫無疑問，你不會成為輸家。只可惜，現在的企業老闆多半還沒有順應時代，他們的思想還保守在那個過去給自己帶來輝煌的時代記憶裡，還沒有意識到，一個潛在的危機，正悄無聲息地潛入他們的生意之中，成為別人的機會，一步步地搶占分割著他們的蛋糕。如果此時再不扭轉格局，那麼很可能就在這不到幾年的光景裡，不但無錢可賺，丟失自己行業的地位，還會徹底出局。

　　我可以不客氣地說，未來 10 年行業趨勢看不懂就會輸得很慘。未來 5 年，曾經在人們心中輝煌一時的個體戶可能消失，而此時的世界，將會成為一個資源整合的時代，一個團隊合作的時代。

　　每一次機遇的到來，都會造就一批富翁，一個產品的出現，

模式裂變篇　從零開始，裂變賦能，我的玩法我做主！

都會在行業中有一個紅利期。當別人不明白的時候，你明白了，當別人不理解的時候，你理解了，那麼等到別人都明白過來的時候，你已經成為毫無爭議的富翁，而當別人開始模仿你的時候，卻發現自己已經來不及成功了。先知先覺的是精明者，中知中覺的是跟隨者，後知後覺的是消費者。我們一直都在等待一個機會，也許機會就在你面前，你卻覺得那是一件自己看不起，也看不懂的事。機會不是因為你遇到了某件事，而是遇到了某個人，因為彼此信任而成就了彼此。當曾經被看作騙子的人成為富豪時，你還要繼續相信眼前的機會就是一個騙局嗎？如果此時的自己，真的還有選擇的機會，不妨勇敢地拿出魄力和勇氣，在機會的浪潮中驗證和實踐自己。

網路開始無形地融入各行各業，也將促成各個行業的重新換血和整合。對於任何企業家來說，除了加入網路行業，我們真的沒有更好的選擇。網路、新零售、雲端計算、大數據、人工智慧、區塊鏈等加起來等於未來。比爾蓋茲說，如果你今天錯過了網路，那你錯過的不僅僅是一個機會，而是一整個時代。今天不做電子商務，明天將無商可務。當我們還在猶豫要不要做網路產業的時候，網路的每一秒都在顛覆整個世界。

要想贏不是掌握了網路技術就可以了，而是要在體制上進行挖掘和改變，用網路的思維來經營自己。當今的競爭，不是

第四章　平臺裂變：人氣變現，打造商業根基

企業和產品那麼簡單，而是商業模式的比拚和競技。最好的模式就是將機制與自己擅長的行業進行整合，在於把兩者緊密地連繫在一起。只有如此，才能成為名副其實的產業網，成為一個創新的網路商業模式。

或許你現在在自己的行業裡算不上第一名，但倘若你能夠使行業資源和網路資源強強聯手，說不定你就有機會在整合資源以後，成為整個行業的第一名。由此可見，逆水行舟，不進則退，就算你沒有做第一名的打算，至少也不要等著被這個時代淘汰。與其到最後連生存空間都沒有，不如在市場格局尚未形成之前，快速地進入網路世界，然後在時代的浪潮中形成自己的格局。快是唯一的商業模式，網路不是大魚吃小魚，而是快魚吃慢魚。未來 10 年，會有 70% 的傳統企業倒下，誰慢一步誰就會是其中之一。要快就不能沒有方向，要快就要整合最專業的資源和網路行銷團隊，如果不去做，拿什麼去兌現自己的希望和未來呢？

所以這個時候，我們需要做的就是樹立自己身為老闆的全新格局。我們需要重新整合自己的資源，建造自己的產業。我們需要將裂變、電商、平臺等一系列自己可以了解且觸及的內容全盤地進行探究、分析和整理。這時候你就會發現，成敗都在於你是否站在了一個正確的著眼點之上。所有的負面意識背後，

模式裂變篇　從零開始，裂變賦能，我的玩法我做主！

或許就隱藏著巨大的商機和正面意義。傳統模式賺不到錢，那就不如用最新的行銷策略去經營自己，唯有勇敢地嘗試，反覆地創造，才能開闢出一塊屬於自己的領地。開疆擴土，生態閉環，儲蓄資源，裂變規模，只有如此，我們才能有效地掌握屬於自己的品牌數據；只有如此，我們才能與機遇連線，快速地完成蛻變，讓財富源源不斷地流入自己的圈地。

究竟怎樣才能玩轉時代，在網路產業中擁有最強的資源整合呢？其實也很簡單，正視這個行銷模式定律：裂變＋電商＋平臺！

裂變解決的是人的問題，電商解決的是貨的問題，而平臺解決的則是場的問題。只有人貨場有機地結合在一起，才會源源不斷地迸發出新的活力。

下面先讓我們看看裂變。

首先，之所以說裂變解決人的問題，是因為它有效地完善了社交產業鏈這個環節。這個社交鏈條，需要管理，需要有效的機制，需要不斷地壯大。如果想以最低的成本，獲得最好的效果，顯然以人為本的思想是根本靠不住的。它需要一個強效的體系和機制，需要研發出可以隨時隨地激勵粉絲的智慧化運作。它需要以更為現代的眼光發展和裂變粉絲經濟，在經營粉絲的同時，鞏固新老的社交鏈條關係，同時還能帶來更深度的

第四章　平臺裂變：人氣變現，打造商業根基

機會和效益。

過去我們的思路，是在多少條街開了多少家門市，我們就有多成功。現在是你的 App 在多少人的手機裡安裝了，你就有多成功。安裝一個市值 5,000 元，如果你有 1 萬個客戶，甚至 10 萬個客戶，想像一下市值是多少吧！客戶到了 1 萬，就可以去找人談合作，談融資。如果你的 App 裂變行銷做得好的話，不需要太長時間（兩到三個月），不需要花費太高的成本就可以輕鬆搞定。

其次，我們都知道電商的根本利益就是賣貨，貨跟電商有著不解之緣。那麼怎樣能快速地賣貨，除了之前裂變產生的社交鏈資源以外，現在更重要的是，把精準客戶留住，有效地對眼前的資源進行經營、鼓動和整合。這裡面就談到了粉絲營運的核心內容，談到了「種子經營」、「消費者激勵」、「利益驅動機制」。如何將自己的消費者變成免費經銷商，如何讓他們從免費經銷商變成股權合夥人，如何讓他們從股權合夥人變成分公司區域總代理，如何從分公司區域總代理變成毫無爭議的大區代理？此時，電商的責任和使命，已經不僅僅是賺錢和賣貨了。他所營運的內容是一個人的理想、幸福和希望。他在與別人的互助互利中，給他們投射創業的願景。同時，在這種願景的經營下，與他們一起結伴成長。

模式裂變篇　從零開始,裂變賦能,我的玩法我做主!

　　最後,想想看,即便你電商做得再好,裂變粉絲經濟做得再出色,裡面可能發生的突發事件都是隨時的。粉絲裂變速度雖快,但隨時可能會丟半壁江山。如果一切都是由人來管理,那麼人與人的關係,人與人的行動,人與人的思想,是在時間和空間中千變萬化的。

　　如果此時,你不能建立自己的強效管理機制,根本無法震懾那些可能出現的混亂。一旦混亂發生,剛剛運作起來的企業,就可能會因一顆小小的螺絲釘而徹底翻船。當然電商的營運也沒有那麼輕鬆,如果總是依靠別人的平臺,就總要看別人的臉色行事。所以此時的你需要一個空間,這個空間是徹底屬於你的,你可以在中間不斷地更新自己的玩法、策略。這就是一個毫無爭議的自己的江湖,遵循著自己的體制和法則,營運著自己的經濟和收益,同時也能使所有的管理,在智慧化的強效體系下,自動執行。或許有這麼一天,在你的企業上班的人屈指可數,而你也已經休了一個月的假,從來沒有過問過收益,但所有的平臺機制,依然在有條不紊地執行,所有的收益如數奉上。你終於可以解放雙手,去做一些自己認為更有意義和價值的事情,你會有時間關心行情動態,與更有智慧的人一起共享繁華。這時候,手機 App,或許可以成為更新版的行銷工具,作為企業的左膀右臂,和你站在一起。

第四章　平臺裂變：人氣變現，打造商業根基

　　所以，看看吧，在暴風雨還沒有來臨之前，看看自己的格局差在哪裡？是因循守舊，還是現在擦亮自己的雙眼，用一個全新的格局建構自己的產業、資源和行銷機制。對於一個聰明的人來說，時代的脈搏永遠是最好的契機，而當下的契機就在眼前，怎麼去掌握，看到這裡，我想你的心裡應該是有答案的。

模式裂變篇　從零開始，裂變賦能，我的玩法我做主！

第五章
直播裂變：
零成本撬動全網熱潮

直播熱潮：火爆背後的核心邏輯

　　直播電商是從各種內容直播中分化出來的一種功能性直播。顧名思義，它是專門為網路銷售服務的直播，早在 2016 年，直播行業就迎來了爆發性成長。一時間，幾乎所有的網路平臺，都開始建設自己的直播間，各路直播平臺的營運內容更是千差萬別。這種有圖、有人、有體驗、有真相的畫面感，快速被廣大消費者認同。直播平臺在這時候，依靠自己品牌的互動性拿下了不少人氣。

　　前段時間，我看有一個年輕人當天直播業績就達到了 100 億元，一個人就勝過了 60% 的上市公司。這就是直播的真實魅力所在。

　　眼下裂變經濟最核心的全壘打就是直播，搞定了人、貨、

模式裂變篇　從零開始，裂變賦能，我的玩法我做主！

場，整合資源下的直播就會發揮出強大的爆發力。因為有場景，有體驗，有行銷策略，有精彩話術，有自己覺得無比可靠的直播達人。同時最誘人的是，進入他的直播間總能感受到寵粉的優待和驚喜的價格。很顯然，這樣的粉絲裂變更直接、更高端、更節約成本。於是，一個潛在的商機在「直播狂潮」中上演，它不僅成就了網紅直播，也從另一方面，促進了企業新媒體經濟營運的發展。當然最重要的是，它提升了企業資源整合和資產裂變的格調和機率，而這對於人、貨、場，都是毫無爭議的契機和紅利。

我曾經有這樣一個朋友，做直播購物已經做得非常成功，在化妝品直播行業，他的直播越來越受到眾人的青睞。一年上億的利潤，讓人看了都忍不住驚叫。於是有人問，你究竟擅長什麼，能賺那麼多錢？而他也總是聳聳肩說：「呵呵，直播。」沒錯，賣什麼都能趕上潮流，工作幾秒鐘的時間，頂得上一個銷售加強團的集體收入，這就是他直播購物的特點所在。為什麼他的直播可以這麼火熱？為什麼賣什麼就火什麼？除去個人努力、站在勢頭這些原因不談，單看他粉絲裂變的速度、粉絲經濟的營運策略，就足夠讓人對他的營運智慧豎起大拇指了。本來網路直播中的粉絲人氣都是公域客源，是無法直接接觸消費者的，所以只能被動等著消費者自己來關注。我這個朋友基於網路通訊生態搭建的社群，就是私域客源，能夠自助營運

第五章　直播裂變：零成本撬動全網熱潮

且直接接觸消費者。那麼，他的私域客源又是如何建構起來的呢？經過全方位了解，我發現他的網絡銷售帝國，主要是由以下部分構成的：粉絲裂變＋個人 IP＋平臺建設。

■ 第一，社群管理和個人 IP

這麼龐大的社群，必然是由眾多助理管理的，而每個助理本身，就是一個他旗下的個人帳號，相當於其下屬的社群分管部門。

根據朋友群推算，類似這樣的個人帳號至少有 15 個，按照每個個人號新增粉絲 4,000 個人計算，個人帳號內沉澱的使用者數也已經超過了 5 萬人。而且能進入這些個人帳號的粉絲，已經可以算是我這位朋友直播中比較活躍的人了。

■ 第二，官方帳號

目前，他有兩個官方帳號：一個是粉絲福利社群、一個是象徵意義的個人帳號。這兩個官方帳號，多半時間都是在為直播內容預熱，引導新粉入群，不定期活動抽獎，將產品進行合計整理，一起和使用者互動種草。這樣不但更好地強化了個人 IP，還可以快速裂變粉絲，快速吸引到自己的私域客源。在粉絲經濟營運當中，眼看粉絲人氣已經不成問題了，那麼接下來怎麼營運自己的私域客源呢？有過社群營運經驗的朋友都知

模式裂變篇　從零開始，裂變賦能，我的玩法我做主！

道，要想管理好社群，那是一件相當辛苦而費時的工作，更何況是一個接近 10 萬人的大型社群。那麼朋友是怎樣帶動自己的團隊來營運自己的私域客源的呢？

1. 粉絲情感經營

朋友說他的直播，一年有 300 多場，每場直播都要推薦幾十款產品，而且款款都是熱銷。這樣龐大的銷售額背後，肯定會出現很多複雜的售後問題。如果這個關鍵點做不到位，就會對直播主的個人聲譽造成影響，甚至引起一系列無法預估的情況。社群就是粉絲消費者解決問題的最好途徑。朋友的助理在社群裡的身分，就完全代表了他。他們積極為買家處理各種投訴，為的就是要告訴大家，他很關心大家，很在意大家，而不是一個只會讓大家買，而自己只知道賣貨的生意人。助理粉絲團的很多內容，都是經過精心構思的。這讓大家感覺我這位高富帥的朋友並不是一個遙遠的直播主，而是你身邊的普通人，有著人世間的煙火氣，有著自己的喜怒哀樂。這樣一來，不但讓使用者更好地了解自己，還可以強化粉絲黏性，更有效地拉近他與粉絲之間的距離。

2. 打造寵粉福利

我曾經問過我的朋友：「你直播推薦的產品為什麼那麼多人買？」其主要原因確實是比別的地方賣得便宜。為什麼會有

第五章　直播裂變：零成本撬動全網熱潮

這樣的效果？原因也很簡單，之所以能談到最低價，就是因為他的直播比別人都賣得多。對於廠商來說，能讓我這位朋友做直播銷售，自己求之不得。對於粉絲來說，能買到朋友推薦的產品，已經極其幸運了。他秉持負責任的態度，也有資產釋放福利。由此可以看出，就寵粉這件事，我這位朋友對待粉絲的態度那是相當好的。

另外，除了不斷在直播過程中抽獎給粉絲福利以外，利用自己的官方帳號、社群給自己的粉絲送福利，也是他的日常工作之一。很多沒有搶到中意的商品的夥伴，經常能夠在社群裡收到團隊送的驚喜。在直播間外，每天還有簽到打卡換取積分的活動，用這些積分可以參與抽獎，而且這樣的粉絲互動每天都有。這樣大大激發了粉絲的活躍性，還增進了他們與直播主的黏合度。對於他的粉絲而言，這一切就是他給予粉絲的寵粉福利。

3. 精細化營運

一場直播的時間是很長的，不是所有的粉絲都能堅持到最後，為了在粉絲經濟中不造成損失，就要針對粉絲的個人偏好，提前做預告，這樣就可以最大限度地幫助粉絲，在精準的時間段進入直播間，帶走自己最喜歡的產品。為此，朋友的團隊每次都要提前把當天直播的推薦產品做一個系統的排序，提前將

模式裂變篇　從零開始，裂變賦能，我的玩法我做主！

產品進行預熱，透過官方帳號和社群粉絲團加以宣傳。這樣就可以提醒當天來直播間的消費者提前做好準備。在直播開始以後，助理還會在群裡推送網址連結，引導大家觀看直播，這樣就可以很好地避免消費者因為忘記時間而錯失產品的購買。這樣一來，不但客戶的活躍度得到提升，每次觀看直播的粉絲量也得到了有效保證。

　　看到這裡，或許你會感慨，原來直播的背後，還有這麼龐大的營運體系在做支撐啊！如果你建立好自己的營運機制，採用相應的「裂變營運工具」，打造屬於自己的電商平臺，用人工智慧的方式與粉絲進行互動，用最少的人做最多的事情，不但可以有效地完成粉絲的感情維護，還可以有效地發展個人 IP。新時代的行銷，新時代的策略，新時代的營運概念，新時代的電商格局，誰搶占了先機，誰就能先發致勝。從這個角度來說，你千萬不要說你比不過李佳琦。因為對於一個有商業頭腦的人來說，找對了風口，看準了機遇，建立好了你的機制和玩法，後續的一系列資源裂變，都將是草船上借來的箭，而東風吹不吹，或許從來不受制於別人，而是你對於當下選擇的一個決定罷了。

第五章　直播裂變：零成本撬動全網熱潮

賣點與流量：從百萬到百億的祕密

我有一個朋友，口才和精神都非常好，每天開啟直播口若懸河地講兩個多小時。結果一個月下來，顯示參與直播的人，只有100多人。

對於這樣的戰績，讓人看了就想打退堂鼓。問題究竟出在哪裡，為什麼別人行我就不行呢？

其核心就是，能真正跟你產生利益共同體的人太少了。這些公領域中的客源，始終都是舉棋不定的，任你在那裡口若懸河，能真正坐下來聽你說話的能有幾個？即便此時的你，是演藝圈的當紅明星，想要銷售成功也沒那麼容易。

自己做網紅吧，成功的機率太低，請明星代言吧，那感覺又太費錢。可眼看著直播購物好的人就是賺錢啊，面對這樣的情況自己怎樣才能分到這個大蛋糕呢？核心內容可以用一個公式來表示：直播＋代理＋服務！

■ 第一，看清自己的利益共同體

一般人起初做直播的時候，本身是沒有公領域客源做支持的。從這個角度來說，優勢幾乎為零，所以首先要解決的就是自己的客源問題。當要把公域客源轉為私域客源時，會遇到這

模式裂變篇 從零開始，裂變賦能，我的玩法我做主！

樣的情況，比如你賣貨明明很暢銷，但去跟代理商談合作，可所有人的態度都特別冷淡。原因很簡單，你直播賣貨跟他們有什麼關係？不僅跟他們沒關係，而且你還搶了我們的飯碗，賣不好丟人，賣好了丟生意，裡面的核心問題在哪裡呢？是因為利益共同體範圍存在誤差，而現在要想真正把這個做好，就得讓自己的利益共同體發揮效用，讓他們帶動粉絲裂變，把銷售的事當成自己的事，這樣才能把這件事真正做起來。

第二，組織分明的直播銷售系統

如果前幾場直播並不理想，但試水以後，完全可以試著重新整合，用一套屬於自己的方法，那就乾脆建立一個屬於自己的直播系統吧。那究竟怎麼做呢？可以先讓各個代理商，為你的直播購物吸引人氣，每一個代理商都有一個獨立的QR，之後你上網親自直播，代理商協助哄抬買氣，哄抬買氣以後，在直播購物進行銷售轉化，等直播成功了，就拿大規模的銷售業績給代理商直接分紅。這種感覺就好像，網路上大張旗鼓地發文案推廣告，現實裡則擺地攤拉人。每個代理商都有直播QR，可以說一個人一個碼，系統透過個人的QR，就可以辨識這究竟是誰帶來的客戶，一旦客戶買了東西，你就能給相應的代理商分紅。這樣一來，利益共同體在無形中建立起來了，代理商高興，你也樂意。直播加代理的強強聯合，讓所有的代理

第五章　直播裂變：零成本撬動全網熱潮

商陪著你玩直播，這樣概念邏輯的巔峰轉變，直播銷售系統便快速地發展出規模。

■ **第三，老闆親自披掛上陣，幫助消費者答疑解惑！**

過去招代理商，別人首先得把你產品的一整套相關資訊全都背下來，這樣才能給安排銷售任務。可內容非常龐雜，準備起來實在是太痛苦。現在這一切都不是問題，你身為老闆可以親自披掛上陣，你對產品有什麼問題，直播間裡就可以給你當面解決。這個世界上沒有誰比老闆更了解自己的產品了，代理商現在所要做的唯一一件事就是幫你吸引客戶到直播購物。

代理商需要吸引人氣，不需要把產品內容背得滾瓜爛熟，只需要成為你產品供應鏈上的一分子，讓你這個老闆直接解決問題就好了，更何況吸引人氣，還能得到分紅。從這一點來說，引入直播間的人自然是越多越好了。更何況，電器這種東西都是就近服務的，系統會自動把訂單派發給距離最近的服務網點。服務網點拿著冷氣上門安裝，還有一筆不錯的服務費可以賺。這樣一來，有服務費，有區域代理商分紅，有上級代理商吸引人氣並分紅，所有人都會很開心。

由此看來，產品能不能賺到錢，最重要的事情就是你能不能打造屬於自己的行銷平臺，建立屬於自己的利益共同體，讓所有與你有利益關係的人和你一起做，所有陪你一起做的人都

模式裂變篇　從零開始，裂變賦能，我的玩法我做主！

能得到豐厚的回報，讓所有的回報都能轉化成裂變式的收益，讓所有的收益都成為進一步規劃未來的願景。這些才是身為一個老闆，應該具有的格局。

在當下這個直播為王、裂變經濟、網路產業不斷壯大的時代，誰能鎖定利益共同體，誰就能將事業做大做強，誰能鎖定利益共同體，誰就能提升消費業績。從這一點來說，不管玩什麼，你都需要一群與自己利益均霑的人。在幫助他們解決問題的同時，最大化地收穫自己的業績紅利。

創新玩法：直播不只是銷售

看到了一關係企業直播銷售賺錢的經典案例，或許有人會問：「每天直播購物，一定會覺得單調乏味。那麼除了銷售以外，還能不能做點別的呢？」其實直播是個工具，其功能非常多。總而言之，平臺搭建起來了，粉絲裂變得也越來越多，想做點什麼都有人願意捧場，直播還可以在企業發展的很多領域發揮效用。

例如，可以透過直播和客戶一起參觀自己的工廠，總裁上陣做導遊，一邊講述生產流程，一邊採訪工廠的各級人員。一

第五章　直播裂變：零成本撬動全網熱潮

邊給大家展示自己的真材實料，一邊讓消費者看著這些真材實料一步步地加工成成品。這樣一來，有圖、有料、有人、有真相、有場景，聲情並茂，誰不會動心？

我是宜蘭，在外地工作的日子，心裡朝思暮想的家鄉小吃就是鴨賞，儘管網上很多家店鋪都在賣，而且照片很誘人，我也幾次想訂購，最後還是沒有付諸行動。為什麼呢？並不是買不起，也不是不想吃，而是擔心鴨賞的品質不過關。雖然現在網購店家已經越來越規矩，99%的品質都不會有問題，但我總是害怕自己就是那倒楣的1%。這時候我就想，如果有這麼一家店鋪，用直播的方式，讓我看到他家的養殖場，看到清潔衛生的飼養中心，有這麼幾隻健康的小鴨在奔跑，每天享受著飼養員精心的照顧。

然後這裡的負責人，將鏡頭聚焦到這些鴨的出欄，牠們坐著車來到屠宰場，怎樣乾淨俐落地被處理乾淨，經過了殺菌和屠宰切割流程，然後進入下一步，古法醃製，運用了獨家的祕方，使用了精良的輔佐材料。然後鴨賞經過多天的晾晒，最終成了讓人垂涎欲滴的美食。每一道工序都滲透著對食客負責的工匠精神。

隨後，他還可以拍攝用手裡的鴨賞烹製美味佳餚的影片。怎麼切，怎麼炒，加入什麼樣的佐料，冒出怎樣的香氣，然後

模式裂變篇　從零開始，裂變賦能，我的玩法我做主！

伴隨著翻炒的「滋滋」聲，來上一大碗剛出爐的白米飯，把這道菜往桌上那麼一放，你說看的人流不流口水？

還可以繼續渲染，如負責人做完這些直播，就可以和大家一起分享自己的創業歷程。他可以說：「之前我遇到很多朋友，在外漂泊的日子，朝思暮想的就是老家爸媽過年時精心製作的鴨賞的味道。但因為距離太遠了，總擔心自己買不到原汁原味的感覺，所以只能把這段思念埋藏在心裡。於是從那一刻起，我就有了一個理想，讓所有在外的宜蘭鄉親，和喜歡吃鴨賞的朋友，都能品嘗到宜蘭鴨賞的原汁原味。於是我走訪了無數人家，尋覓鴨賞最好的製作工藝，向老工匠們吸取真經，最終經過上千次的嘗試，終於讓身邊的宜蘭朋友吃出了小時候過年的感覺。現在我把這種感覺，奉送給直播前的每一位朋友，讓所有的人都能回憶起故鄉的滋味，愛上宜蘭鴨賞的味道……」

之後，創業者還可以拉來品管工作者、鴨賞老工匠、合作廠商，甚至可以拉來幾個見證人和顧客，讓他們在直播間與大家一起分享自己與宜蘭鴨賞的不解之緣。

除此之外，他還可以找來烹飪高手，找來宜蘭當地的廚師婆婆，找來專業的營養師，找來專業的美食家，傳授鴨賞的烹飪技法、科學養生的美食知識，搞一個專注於烹製鴨賞的廚藝大賽。

第五章　直播裂變：零成本撬動全網熱潮

　　老闆還可以坐鎮直播間，和大家一起聊聊鴨賞的歷史文化，聊聊故鄉的年味，聊聊小時候過年的記憶，聊聊故鄉的風土人情，聊聊自己對企業、對故鄉的愛和憧憬。如此一來，便能很快拉近自己與粉絲之間的關係，大家會覺得，眼前的老闆，目的其實不僅是為了賣貨，他還是一個有情懷，有熱忱的人，是一個骨子裡專注認真的人，是一個有血有肉的人，是一個可以讓大家信任的人。

　　這麼一來，表面上一個「賣」字都沒有，卻足夠吸引我這種人的眼球，因為有圖、有真相、有場景，一切都是真實的。這麼安全放心的美食，我與老闆之間的回憶又那麼有共鳴，即便別人家的鴨賞說自己再好、再實惠，即便他家的鴨賞比別人家的貴，我也會選擇他家，而且不僅選擇他家，還可能從此只選擇他家。為什麼？因為徹底放心了，對於一件可以讓自己徹底放心的事情，人們都會習慣性地將選擇貫徹，既然這個選擇不會有問題，就不會隨便再去冒險嘗試新的選擇。

　　所以，現在就讓我們想想直播除了銷售以外，還能做點什麼？最具企業文化的代表作就是創始人本身。一個品牌，一款產品，本身就融入了創始人的生命，因為這種生命是無形的、無聲的，所以才更需要有一個窗口，以更為形象真實的場景，讓所有購買的粉絲更深入地了解它，了解它背後的創始人，了

模式裂變篇　從零開始，裂變賦能，我的玩法我做主！

解它背後的品牌文化，了解品牌文化背後的知識、情感、故事和精神。就此，產品不再只是一個產品，它融入了創造者們的生活，融入了百姓的故事，蘊含了使用者的幸福和微笑，也無聲地展示了人生劇目的悲歡離合。

　　直播做得越出色，前來捧場的人就越多，認同你的人越多，願意將直播從頭看到尾，然後花錢買東西的人就越多。由此看來，直播購物雖說可以銷售，但核心是一種情感的經營、需求的經營、思想的引領和時尚概念的渲染。它是一個舞臺，一個屬於所有企業人的舞臺，而劇目是任由你自己編輯策劃的。想讓自己被更多人知道，想要擁有穩定的客源？想要讓自己的聲音傳遍大江南北？直播除了購物還能做什麼？看到這裡，不要問我，一馬在手，究竟要騎著牠奔向哪裡，你的地盤自然應該由你做主。

第六章
代理裂變：
網路+實體的全管道打法

資源整合：打通新零售的奇經八脈

對於新零售產業來說，行銷是最重要的核心，而最重要的基準點，就是裂變。老客戶帶來新客戶，然後在穩住新客戶的同時，讓他們將產品推廣給自己認識的所有人，讓他們成為自己的新客戶，身為品牌創始人對產品和裂變機制的創造力，依舊是管道和產品。產品有了，便產生了代理商和團隊夥伴。代理商和團隊夥伴越多，下面生出的粉絲經濟裂變形勢就越好。社交裂變的核心，要麼是精神驅動，要麼是利益驅動，藉助使用者的社交關係，品牌傳播和銷售促進打通新零售市場的奇經八脈。這是整個裂變行銷的靈魂，也是最核心的策略所在。

那麼新零售行業究竟應該怎麼做呢？首先就是設計新零售的方式。如果沒有社交關係的連結，很多功能強大的產品就很

模式裂變篇　從零開始，裂變賦能，我的玩法我做主！

　　容易被使用者放棄，而注入社交因素的產品，使用的次數就會明顯增多，口碑效應也會大大提升，使用者的信任程度和黏合程度都會得到大幅度的提高。

　　消費者購買完畢，朋友間說不定還會互相影響。當使用者要放棄產品的時候，甚至還會慎重考慮此舉會不會給自己帶來脫離這個社交圈的影響。這種感覺就好像，你可以輕鬆離開一家書店和商場，但卻不會輕易離開一個朋友或社交圈。其中最核心的內容，多半跟價值和紅利有關。誰能準確地了解好人的欲望，誰就能在生意中拔得頭籌，帶給別人更多的願景和希望。究竟怎樣經營這份欲望和幸福感呢？我們不妨將手中的資源全面整合，優化自己的系統和機制，帶著利人利己的心，全方位調整自己的經營策略。

　　此處講一個讓員工與公司形成利益共同體的案例。

　　一個企業的主營項目是艾灸。一個小罐罐隨便放在身上的任意一個地方，想灸哪裡就灸哪裡，不會掉落，攜帶方便。但起初它的產品營運商做得並不順利，很長時間，粉絲經濟搞得一塌糊塗，既不知道從哪裡獲客，也不知道怎樣才能留住自己的目標客群。在了解了情況以後，他做了一套行動方案，結果不但粉絲裂變出了十幾萬精準客戶，還成功地舉辦了自己的大型招商會，光第一場會就收穫了價值 4,000 多萬元的使用者定

第六章　代理裂變：網路＋實體的全管道打法

金。雖說這算不上什麼巨大業績，但比起之前的窘境，賺到錢的感覺，也足夠幸福一陣子。

這個企業成立了兩個公司，A 公司持有商標權和決策權，B 公司專門負責產品的總代理。B 公司釋放 75％ 的股份，招 15 個創始股東，每個股東進 50 萬元的貨，而且全部都是兩折進貨，以後就可以擁有 B 公司 5％ 的股份。這些人可以去開一間地方公司，做地方代理商。然後地方代理商可以釋放 45％ 的股份，招上 15 家門市。每家門市只需要進 15 萬元的貨，所有的產品打上 3.5 折，然後每家門市還能持有總代理 3％ 的股份，而且這些股份都是註冊股，可以寫在營業執照上。15 個門市招齊了以後，再成立 2 號地方公司、3 號地方公司。3 個地方公司下來，就可以開很多家門市。門市釋放 10％ 的股份，前十名購買產品的顧客，只要交上 29,999 元辦卡，就可以共享門市 10％ 的分紅。這個股不是註冊股而是分紅股，而且是終身給分紅。這樣就可以刺激前十名的消費者快速辦卡，這樣一來 300,000 元的本金就回來了。這 10 個人成為門市的合夥人，也是有要求的，那就是這 10 個人必須建一個 100 人的群組，這 100 個人是願意去分享的人。門市眾籌股東享受分紅和提成。這個模式容量有多大，能容納多少個合夥人呢？我們可以計算一下，15 個股東，至少一個人能在本地成立 3 個代理公司。整體算下來，就有 675 個門市了。6,750 個合夥人，675,000 個分享

模式裂變篇　從零開始，裂變賦能，我的玩法我做主！

者。如果你的群組裡有 60 多萬分享者，無論做什麼都能有賺頭。

由此進一步行銷，便可以緊鑼密鼓地推行下去，有讓利，有分紅，有股份，有提成，有贈品，有紅包，有穩定收益，有豪禮嘉年華。這樣完美的粉絲經濟裂變計畫，我想誰看了都不會拒絕，因為自己能夠用很小的投入，獲得巨大的收益。這時候，再跟著來個直播，做個招商會，發展代理行銷活動。不管怎麼計劃，用什麼樣的方法，只要能創造出更多的利潤，怎麼做都會有人跟隨。客戶越多，總公司分紅收入就越多，而各代理、店面、合夥人，所有人看著業績增加都會開心，而後續買東西的客戶，看到這麼強大的優惠活動，自然也願意花錢投入。這樣一來，粉絲活力被帶動起來了，店面生意也越來越紅火了，所有的代理公司收益有保證了，而總公司手裡的貨也全都發出去了。一勞永逸，好生意好人脈，就這樣輕鬆地達成了。

很多人說現在的市場財脈真的拿不準啊！為什麼自己總是賺不到錢？其實我想說，你連方法都沒看清楚，總是用慣用的套路出牌。眼下的形勢已經和以前大不一樣，不順應新的形勢怎麼會有突破呢？所以想要事業成功，最核心的內容就是排兵布陣的策略。策略不到家，所有的路肯定是走到哪裡堵到哪裡。沒人脈，沒資產，沒管道，沒未來，如果在這樣的情況下單打獨鬥，想要擁有利益最大化是根本不可能。人們常說：「生意是

第六章　代理裂變：網路＋實體的全管道打法

人做的，所以一定要和人產生關係。」

讓所有的人把你的生意當成自己的生意，讓所有人為你的生意披荊斬棘，竭盡全力，這時候你反倒可以輕鬆愜意地享受溫暖的陽光，如此遠眺世界的感覺，每一天都是精緻而美好的。

實體布局：爆滿招商會的操作要點

或許當你看到招商會的時候，會覺得：「哇，這得是多大一個場面啊！」眼下自己手頭的生意，真的可以促成招商會場場爆滿嗎？很多開招商會的人都知道，一場招商會下來，需要企業面對各方面的考驗。首先到哪裡去找人，其次怎麼促成成交，再次，如何擁有更進一步的合作，最後，這些客戶怎麼快速地完成進一步的裂變。

我還記得 2018 年的時候，一個新穎的詞彙激起了我強烈的好奇心。有人對我說：「雖然招商會有千萬種，但不如一場裂變會來得痛快刺激。」當時我的內心無比震撼，心想：「這個裂變會到底有多強悍，究竟能夠產生怎樣空前絕後的價值呢？」當自己知道一場裂變會竟能直接收款 5,000 萬元的時候，我還是被它所帶來的強大財富效能驚訝到了。裂變會就是代理

模式裂變篇　從零開始，裂變賦能，我的玩法我做主！

到場的總集合，而這個集合，起初就是以爆單成交為目的的。大家聚集在一起，投錢做生意，一起推敲行銷話術，一起完善營運系統，一起提升成交業績。在這樣的氣場下，所有人漸漸成為一個雙贏的完美整體，而這其實就是新時代行銷策略的基本原理所在，財富與人心心相印。

在傳統的老行情時代，獲客實在是太難了。為什麼這麼難，因為你的想法和別人沒有關係。但是如果此時你能夠提前優化一下自己的利益共同體，將所有的生意，都跟別人的利益關聯，那麼結果說不定就會很不一樣。

可是，為什麼這樣簡單的方式，在平時作用不大，而在兩天兩夜的裂變會上，效果就會很明顯呢？其中有一個特別大的點，就是PK，把代理分組，然後每一組選一個組長，分組PK業績，每隔一段時間，報一次單。在這種氛圍中，大家都把所有能開發的客戶，全部開發了一遍。之前，因為面子問題，不好意思銷售的，也都在這次會上成交了。

總體來說，裂變會的關鍵詞，就這幾個，一個是列名單，一個是精準話術，一個是分組PK，再一個就是促進現場訂貨的短期促銷措施。這個的短期爆發的威力巨大，但是會影響長期發展。

如果這時候一味地鑽牛角尖，你就是再努力，結果也是事

第六章　代理裂變：網路＋實體的全管道打法

倍功半，但是如果你能夠利用好手頭的智慧工具，那麼所產生的效果就大為不同。例如，你可以透過建立自己的 App，提前設計出一個邀約功能，到時候需要邀約，就幾個人動動手機群發，如果以一個人管理 3,000 個好友計算，十幾個人，也就是 3 萬多個精準客戶。如果這 3 萬多個精準客戶裡，有那麼 1,000 多個對招商會有興趣，1,000 個人裡，有 200 多個人成交，那麼毫無疑問，這場招商會就是一場很成功的招商會了。打電話、費口舌，也未必能把問題講清楚，透過群發先把這件事友好地通知對方，如果對方有興趣，自然會打電話找你。

邀約問題解決以後，就要提到紅利問題了。你讓人家來，起碼要讓對方覺得不虛此行，能夠真正得到實惠。這裡就要談到讓利問題了，你可以說，如果您來參加我們的招商會，來了就有產品相贈，而且可以享用一頓豐盛的午宴。如果您決定做我們的代理商，那麼只需要購買 19,999 的產品，而我們返給您 25,000 元的積分。此外還有抽獎機會，只要中獎，就可以拿走價值數萬元的蘋果手機，還有資格享受我們的股權和分紅。看到這麼優惠的待遇，作為想買東西的人，肯定想去，去一趟怎麼都不賠，而且還能狠狠地賺一筆。這麼好的事，能去肯定要去。於是，魚餌加精準釋出，效率自然事半功倍。這樣一來，來的人多了，決定簽約的人也有保證了，剩下的就是現場發揮了。

模式裂變篇　從零開始，裂變賦能，我的玩法我做主！

　　於是，燈光、場景、團隊駐場、專家效應、知識傳播、創始人分享、親身體驗者現身說法、工廠生產線完整播放……總而言之，只要你想展示什麼，招商會就可以有什麼。只要場面宏大、熱烈，演講者情緒高昂，消費者躍躍欲試，整個氛圍都友好而活躍。等到真正讓紅利的時候，再適度地給點驚喜，所有的節奏感，其實都完全可以在專業者的組織下有條不紊地推行下去。於是購物的人下訂了、買單了，覺得自己賺了。為了收益最大化，他們決定兌現承諾幫你裂變出更多的代理商和粉絲。所以，你想想，對於這次客戶的成交量，對於下次招商會的業務膨脹速度，如果真的能有效地加以運用，客戶人氣的變現和裂變速度就會成倍成長。為什麼這麼說呢？因為你的數據庫已經在營運過程中產生基數了，而這些基數還在潛移默化地製造價值，裂變出更多的客戶。如此這樣不斷地賦能，眼前的客戶數量就會逐漸建構成龐大的裂變體系，這也必將從另一個側面，促進招商會的成功舉行。對於促成這件事，我們只需要找準相應的策略，用對方法，鎖定工具，便可一錘定音。事實上，對於一個企業管理者來說，這一切並不是多麼困難的事情，正所謂天下事不求為我所有，但求為我所用。只要找對人，只要尋對路，只要眼光足夠精準，只要切實用對工具，那麼所有的成功，就都是手到擒來的事了。

第六章　代理裂變：網路＋實體的全管道打法

網路推進：線上招商的核心模式

曾經有一個朋友說：「以前辦一場招商會，至少能賺個一兩百萬元，現在到哪哪關門，事業完了。」聽到這話，我對他很同情，但我問了一句：「那你真覺得一點辦法都沒有了嗎？」「能有什麼辦法？」朋友問：「找門市，門市沒生意，找代理商，代理商不出門，你說還有什麼生意？」聽了這話，我搖搖頭說：「你還是沒開竅，誰說招商會就只能現場開，思路要開闊一點。」

其實在此之前，我也有這樣一個合作夥伴，本來開張的時候生意一片大好，剛剛發展了代理商和門市，結果疫情一來，想做大的希望眼看就要化為泡影。於是就想到了以直播的方式來銷售。起初生意也不太好，有時候直播裡的人屈指可數，於是就想到了發展代理商和自己一起賣。結果自己也開直播，代理商也開直播，雖說每個代理商直播後帶來的回款都只有兩三萬元，但積少成多，幾百個代理商一起努力，回款加起來也是一筆相當可觀的收入。於是他們就想，眼看代理商也發展了這麼多人了，他們手裡的客戶也多少有一些了。與其這麼各自辛苦為營，不如把大家召集起來，做個網路招商會。把整個虛擬排場做得盛大一些，把所有的代理商都召集在一起。這樣一場招商會下來，代理商賺的錢多，自己的裂變效應更強，不是也

模式裂變篇　從零開始，裂變賦能，我的玩法我做主！

挺好嗎？

那麼究竟怎麼運作呢？最重要的是明確招商目的。起初大家都是做實體店的，雖然招商會的形式不同，但核心都是一樣的，那到底該怎麼辦呢？首先，在資訊傳播上，要提前5天進行預熱，文案＋圖片＋QR cord，所有的招商夥伴們都要協同作戰。我們先要在所有可能參與招商會的客戶面前混個臉熟，要杜絕到時候網路上的對象全部是一些自己不了解的陌生面孔。如果遇到這種情況，這類人可以在會議開始兩三個小時前，再邀約他們進群組就可以了。

再次就是網路招商會流程的規劃。實體的招商會怎麼精采，網路的招商會就要更加豐富多彩。主持人、主講大咖、群眾演員、優勢、投資報酬、成功見證、疑難問題解答，一個都不能少。除此之外，還要有更豐富的場景效應，如直播工廠生產流程、企業的豐厚實力、創始人對品牌產品的深厚情懷、那些受益者是怎樣透過品牌的舞臺兌現了更美好的希望。在整個流程中，有主持人，有主講人，有助理，有天使。主持人負責介紹；主講人負責專案分享和問題解答；助理負責與粉絲互動，發送圖片、連結和紅包；天使主要負責活躍氣氛，新增好友，對客戶進行跟進。整個流程，就好像是一部精采的情境劇，將每一個細節落實到位，力求在每一個環節都做到無可挑剔。這

第六章　代理裂變：網路＋實體的全管道打法

樣一來，既可以調動粉絲的積極性，又可以更大限度地促成裂變和成交。

完成了這些流程，那麼接下來，就到了網路成交和後續跟進部分了。至於實體招商會，我們完全可以把成交設計成全款。網路上很多資訊傳遞不對稱，因為受到環境的限制，所以在設計成交時，就要提前鎖定有意向的客戶，只做預搶位，標準設定是定位費 5,000 元。

那麼 5,000 元會給到哪些收益和權益呢？裡面有兩種權益是必須設計的，一是網路加盟優惠設計，免加盟費，免管理費，送開業禮包。

二是定位費額外價值，到公司考察提供食宿，加盟充抵 5 萬元，加盟報帳交通費用，未加盟送等值產品。這 5,000 元的定位費，是有時間限制的，一般來說，為 6 個月。這個過程中，我們可以發公司的帳戶、QR，一旦收款成功，就跟進一個紅包。席位也是限量，搶購限時的，訂單可以重複洗版，還可以承諾 7 天無條件退費，整個招商會結束半小時後，自動解散群。

一切做到位以後，客戶就開始匯款了。網路招商會的好處就在於，可以在網路平臺上招來更多的人，有更多人願意足不出戶地享受招商會的貴賓待遇。照著上面的優惠條件，願意匯

模式裂變篇　從零開始，裂變賦能，我的玩法我做主！

款的人還是很多的。

1,000 多人的招商會，定位費算下來也是一筆可觀的收入。

此外，要想事業成功開展，還要設計一些有價值的增值服務。例如，只要你交了 5,000 元，擁有了我的準加盟商資格，就可以免費獲得創業輔導一年，然後再附贈價值 9,999 元的產品，或者是消費抵用券，12 個月進行有效分配。這個設計最主要的目的就是降低客戶的風險。即便客戶最終沒有成為你的加盟商，在某種意義上那也是你的潛在客戶。

如果可以保持 12 個月的長期黏性，或許以後還有更大的成交機會。產品和服務消費的優惠資格，就是指交了 5,000 元的準客戶，在一年的購買後續中，購買任何產品和網路及實體門市經營的商品，都可以享受 VIP 顧客的優惠。除了這些以外，我們還要設計一個清空購物單環節，做出出單承諾。等到疫情結束以後，就可以給對方一個參與年會、大型實體招商會，或者是創業訓練營的免費資格。

這樣一來，一場網路招商會下來，進來 1,000 多人，成交 1,000 多萬元。於是，我的這個合作夥伴對我說：「現在只需要加強團隊管理，隨時隨地就可以開一場別開生面的招商會，這麼看，賺錢其實也沒那麼困難啊。」

面對困境，只要重新整合思路，說不定就有更多的願景和

第六章　代理裂變：網路 + 實體的全管道打法

機遇擺在眼前。如今工具是現成的，人員是現成的，甚至粉絲也是現成的，關鍵看你怎麼將一切整合到一起，變成一樁自己做主場的生意。

模式裂變篇　從零開始，裂變賦能，我的玩法我做主！

第七章
創客裂變：
打造利益共同體

> 先提個問題，
> 除了賣產品，我們還能賣什麼？

現在讓我們思考這樣一個問題，如今的行銷市場，如果給你一個更為寬廣的平臺，除了賣產品以外，你覺得還能賣什麼？這時候有些人會說：「賣貨就是賣貨啊！除了賣貨，你說我還能做什麼？」如果你的答案只有這個，那麼我想說：「如果一個企業，眼前的格局只有賣貨，在當下這個產業裂變的時代，想真正活下來，估計都很難。」

當一個人將眼光局限在一個點上時，那麼毫無疑問，他所放下的將是整個世界。但倘若一個人能夠將眼光放寬，看向更遼闊的遠方，他就會意識到，原來自己可以做的事情實在是太多了。

模式裂變篇　從零開始，裂變賦能，我的玩法我做主！

　　我經常跟身邊的客戶說：「如果你只想讓一個人掏錢買貨，或許那不是件容易的事。如果你想要讓他掏錢給自己買一個美好的未來，那他多半都會欣然接受，因為這才是他想要的東西。」正所謂：「你生意好不好，跟我沒關係，但是你生意好了，我也能賺到錢，那我倒是願意參與。」所以，要想讓自己的企業有美好的明天，首先就要將手裡的貨和別人的未來產生關係和連線，甚至賣貨只是一種常規的形式，而真正販賣的卻是別人的幸福、未來和希望。

　　同樣是做生意，有人眼睛只盯著貨，每天想的是怎麼把貨做得盡善盡美，然後賣出去。有人想的卻是賣前途、賣願景、賣未來、賣思維、賣模式。他急切地想要向身邊的人推廣自己的思路和模式，讓他們意識到這一套模式的收益和紅利。他迫切地想要贏得更多人的尖叫和認同，想讓所有人都參與其中，與他一起風風火火地賺錢。他為每個人都量身定製了屬於自己的願景和前途，並告訴他們只要這樣做，就一定能夠擁有美好的未來，就一定可以獲得富足。此時的他看似是在做生意，其實更像是個預言家，每天都站在真實的視角預測未來，而且每一次預測都精準。想想吧，如果身邊有這麼一個人，如果他向你推廣自己的模式和想法，而且身邊的人一個個都成功了。我想無論是誰，應該都不會錯過這個難得的機會吧？

第七章　創客裂變：打造利益共同體

　　以前的人，和你做生意，是因為看上了你的產品，看中了你的品牌影響力。現在的人和你做生意，主要是為了成就自己。他們在生意中看到了未來，看到了希望，看到了自己理想的實現。這一切，最核心的重點就是你給了他們一張地圖，給了他們一個機會，給了他們一個起點。你告訴他們怎樣一步步走向自己的目標，怎樣規避不必要的彎路，怎樣以最快的速度將財富不斷裂變，怎樣營運自己的人生和事業，怎樣將身邊所有的資源進行整合，怎樣開源節流將當下的產業形成規模。

　　有了這一系列的規劃和願景，跟從的人會很興奮地活在未來。

　　他們生命的每一天，都在試圖一步步地走向明天，每一步都更靠近目標。這一切都基於你對他們財富的管理，也使你的事業不斷壯大。此時你的事業成為別人事業堅強的後盾，你的發展成為他人心中最強烈的期許，你的成就就是別人最渴望看到的事情，而你販賣的一切產品、思路、想法、模式，別人都會毫不猶豫地照單全收。因為他們知道，如果此時不盡快採取行動，說不定晚一步，就蹉跎了一生。所以現在問問自己，除了賣產品，你覺得自己還能賣點什麼？生意的價值所在又是什麼呢？倘若我們的終極意義不再僅僅只是買和賣的關係，那麼或許在這一進一出之間，還應該有更宏大、豐厚的紅利，如洪流一般，奔湧著朝夢想湧來。

模式裂變篇　從零開始，裂變賦能，我的玩法我做主！

超越產品：模式才是核心吸引力

　　過去的人做生意，認為自己只要有貨，就不愁沒有市場，而要想開拓市場，只需要把貨的品質和創意經營好就行了。如果想擴大知名度，那就以貨的名義打廣告。只要大家知道貨的存在，那麼接下來就是利用別人找上門來的管道，去賣貨就好了。或許以前我們會覺得，貨就是一切，就是自己手中真正的資產，只要貨在，錢就在。但就現在這個時代而言，即便你手中的產品品質上乘，即便你的創意足夠完美，但倘若此時的你在營運上模式不過關，不能精準地鎖定客戶、裂變客戶，不能建立起自己的私域客源利益共同體，那麼毫無疑問，你最終所能贏得的收益，很可能也只是鳳毛麟角。

　　對於現在的商業市場而言，不是不需要產品，但產品未必就代表直接的經濟效益。從這一點上來說，產品只是一個連線消費者的媒介。銷售完成以後，企業與消費者之間的關係並不意味著走向終結，而是剛剛開始。後續的利益共同體架構、粉絲裂變，以及一系列的體系服務經營、股權分割，所有的一切，才是後續劇目中的重頭戲。換句話說，別人選擇了你的產品，很可能並不是因為你的產品高階，而是因為他透過產品洞察到了一個有利於自己發展和賺錢的模式。因為覺得你這套模

第七章　創客裂變：打造利益共同體

式能夠給他帶來更多的盈利,所以才會願意投入更多,與你並肩作戰。所以,好的產品要想走向市場,好的營運模式是必不可少的,那麼怎樣有效地優化自己的營運模式,讓一切有條不紊地推行呢?看看下面這個我經手的案例,或許你會從中得到一些啟發。

一家企業成立於 2018 年 6 月,半年時間就賺到了 2.5 億元,12 月 31 日當天銷量就高達 1,500 多萬元,截至 2019 年 6 月 1 日,一整年的時間,它網路交易額是 5.5 億元,網路與實體通路加在一起是 10 億元。

作為一個創業公司,一年想要賣到過億元,除了熱銷商品的支持、品牌的支持、推廣的支持、門市的支持以外,銷售團隊的支持也是不可或缺的,但這僅僅是傳統思維中的一個固化的模式,以至於我們總是覺得,一切已經具備,只欠一個東風。但是如果看了這個企業做大做強的經過,恐怕你就不會覺得那麼的困難了。

這個企業成立之初資產接近於零,既沒產品,也沒管道。在一次行銷模式課中,這個企業的老闆認識了一個次級代理商,開始從他那邊拿貨。他用 2,300 塊錢進了貨,並且註冊了自己的品牌和公司。所以,從品牌優勢來說,他也基本沒優勢。當時他用來推廣的費用,也根本為零,甚至連想都沒想過。為

模式裂變篇　從零開始，裂變賦能，我的玩法我做主！

了節省開支，他找了一個開公司的朋友，給他免費貢獻了塊場地，他的生意沒有門市，銷售團隊也只有兩三個人。他不給員工發薪資，而是承諾給原始股。結果他利用裂變做起來了。

其實，這樣的事情太常見了。之所以出現這樣的情況，主要原因在於，如今的時代已經不是貨品的時代，而是模式的時代了，誰掌握了平臺，誰就擁有了一個專屬於自己的空間。誰能夠最大限度地優化整合資源，誰就可以在資源裂變的浪潮中源源不斷地獲得紅利。這個時代，從來不缺貨，消費者貨比貨的時間，超不過 3 秒，而真正能夠吸引人的是你手中的模式和資源。從這個道理上來說，如果你的格局足夠寬，掌握的角度足夠精準，那麼不管是機制建設，還是格局建設，找到可靠的助力，在商業浪潮中做到無往不勝，或許並不是一件多麼困難的事情。

欲望驅動：撒豆成兵，引領消費需求

韓信是我非常崇拜的軍事謀略家之一，他打敗了強敵項羽，幫助漢高祖劉邦成就天下。據說他兵法的應用能力超過了諸葛亮，但這並不意味著，這樣的人才就能贏得主管的信任。

第七章　創客裂變：打造利益共同體

他的一生中，曾經被奪了三次兵權，但神奇的是，他總是可以快速擴大軍隊。不管是新兵、老兵，到韓信這裡只要稍微一訓練，就立刻會變成虎狼之師，那麼他究竟是怎麼做到的呢？其實這位了不起的人物當時的做法，真的很值得我們這些新時代行銷人借鑑。

起初韓信從劉邦那裡接管的都是老弱病殘的人，但即便這樣在韓信嚴格的軍規訓練下，這3萬人卻成功打敗了趙國20萬的精銳部隊。為什麼呢？因為他的計謀策略能夠精準地落實到位。他知道怎樣以最少的兵力，經營最大的事情，他知道如何整合自己的資產，盡可能吞下最大的蛋糕。他知道怎樣將自己手中有限的兵力無限裂變，它知道怎樣建立有效的利益共同體，將所有能團結的人全部團結起來。

當時韓信打趙國的時候，手裡只有2,000兵力。用2,000人去打一個國家，這簡直是一件痴人說夢的事情。結果韓信用了一個策略，在短短15天內，將手裡的2,000人，裂變成了3萬人。他到底是怎麼做的呢？

首先他派發給這2,000人足夠的錢，讓他們回家，並約定15天後回來。如果誰能帶5個人回來，就升為伍長，誰帶10個人回來，就升為什長，誰帶100個人回來，就升為百夫長，這樣以此類推。這些人帶著這麼多錢回去，當然在鄉里鄉親面前

模式裂變篇 從零開始,裂變賦能,我的玩法我做主!

很有面子,於是召集兄弟們吃飯,跟兄弟們說:「眼看現在世道兵荒馬亂,吃了上頓沒下頓也是死,不如乾脆參軍,搞不好還能當官。」於是大家紛紛跟著老鄉來參軍,原來的 2,000 人,迅速就裂變成了 3 萬人。身為大將軍的韓信,再進一步地完善自己的教育和訓練體系,在自己的體系內改良規則,於是 3 萬人便很快成長成訓練有素的精銳部隊。就這樣,經過韓信資源整合後的部隊,又從 3 萬裂變成了 30 萬,於垓下與劉邦、彭越、英布大軍會合,一舉擊敗項羽。人們都說韓信到哪裡都有撒豆成兵的本事,但其成功的根本,就是看清了裂變效應的核心,建立起了利益共同體和強效的體制晉升機制。這不禁讓我想到了我們當下創客裂變的核心體系,雖然從應用上與韓信分屬於不同的體系,但思路卻都是一脈相承的。

很多朋友問我,現在自己的資源有限,所能調配的人員有限,產品類別有限,所能花費的成本有限,但眼看市場就要被別人占據了,自己有什麼辦法快速地裂變客戶,建設屬於自己的生態圈呢?自己又該以什麼樣的方式,快速地培養團隊,裂變出無窮無盡的精準客戶呢?究竟我們應該怎樣創造自己的行銷思路和方法,並且讓身邊的所有人都買帳呢?我之前說過,生意是人做的,所以想成就生意,首先要站在成就人的事業之上。也就是說,你想做成自己的事,首先就要讓自己的生意存在利他性。我不僅僅是要成就一個生意,還為了成就你,成就

第七章　創客裂變：打造利益共同體

跟我一起做生意的所有人。這樣完善下來，利益共同體就很快建立起來了，每當別人看到你的時候，首先想到的就是跟你合作所能贏得的收益，於是你眼前的路就不會有任何障礙，別人會為你的成功喝采，因為你成功的時候，他也成功了。

古時候，人們在形容韓信的智慧時，用到了撒豆成兵這句成語。

在當下社會，如果你能夠真正意義上將資源整合起來，將手中的體制模式完善起來，將所有可以利用的機會有效地進行利用，那麼就算在別人看來，你的資產是有限的，也足以讓你由點成面，找到更多願意一起賺錢的夥伴。利益共同體的核心就在於你能夠在自己賺錢的同時，讓別人真金白銀地看到實惠。這種實惠，是可以讓他人在獲利的同時，讓自己的資產不斷疊加翻倍的。人們會在看到你的成就的同時，全然地欣賞自己的成就。此時的你，儼然就是一個指點千軍萬馬的將軍，即便是遇到再多的挑戰，只需調整好自己的模式，撒豆成兵的本領你也能練成。

模式裂變篇　從零開始，裂變賦能，我的玩法我做主！

第八章
粉絲裂變：
圈粉、變現、引爆潛力

圈粉祕訣：裂變變現的高效路徑

共享經濟的核心，當然就是分享，而共享的目的，本身就是資源裂變（詳見圖 8-1）。本來大家都是萍水相逢的陌生人，但因為一件事情走到了一起，為了實現共同的夢想，而成為品牌共同的擁護者，為了進一步完成自己的財富目標，而各取所需地完善整個市場營運機制，最終在一個公認的玩法中，自主創業，發展粉絲經濟。這是一個圈人、圈粉，資產提現的過程，而整個過程都在優化的模式中得到了完美的體現。每個人猶如一個矩陣點，每一個點都可以組成面，而所有的面拼到一起，便成就了一個無形的浩瀚宇宙。誰能將這個宇宙整合，誰就能夠快速獲得利益。誰能將所有的人團結在一起，誰就能在團結雙贏中創造屬於自己的輝煌。

模式裂變篇　從零開始，裂變賦能，我的玩法我做主！

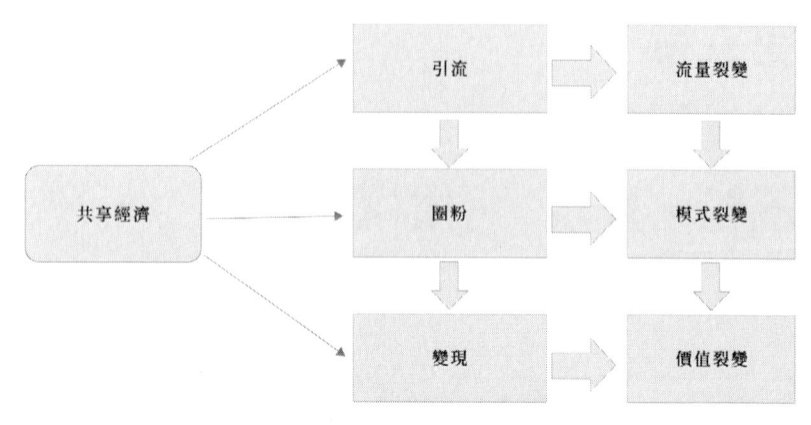

圖 8-1　分享經濟的資源裂變

究竟怎麼做才能讓別人和你一起做呢？這些人又該到哪裡去找呢？不可否認，這是一個十分重要的核心問題。誰完善了營運模式，誰就建立了屬於自己的私域魚塘；誰能夠快速完成社群粉絲裂變，誰就最大限度地掌握了魚塘裡面魚的數量。當然光有這些還不夠，魚塘需要不斷擴張，魚自然也是多多益善。管理魚塘的人，首先要做的就是掌握其中的核心技術。對於真正的魚塘主而言，要想賺更多的錢，就需要放開手，將權力放到能夠有效管理這一切的合作夥伴手中。他們不但要掌握技能，還要與你產生親密的紐帶關係。你的任務，不是授之以魚，而是授之以漁，讓他們具有獨當一面的能力。

讓所有人得到利益，這是共享經濟的價值核心。那麼究竟

第八章　粉絲裂變：圈粉、變現、引爆潛力

怎樣有效地操作，才能最快速度地達成目標呢？看看下面的案例，希望能夠對大家有所助力。

當你吸收了很多粉絲以後，這些粉絲究竟該怎樣有效利用呢？說到底，無非就是利用我們的個人網路通訊帳號，但如果你每天有幾千個數據，究竟應該準備多少個帳號呢？

避免帳號被封鎖得從註冊帳號開始時，就注意以下幾點：①必須使用手機行動數據註冊，不能使用 Wi-Fi；②必須從應用商店或者官方網站下載通訊軟體；③註冊之前每個手機提前儲存 20～40 個聯絡人，盡量不要重複；④選擇在不同的位置註冊，每次註冊距離大於 1.5 公里，每次註冊時間間隔大於 20 分鐘，一天之內不要超過 20 個；⑤註冊時，設定的密碼不能相同，或者相似，一定要做到隨機，無規律性；⑥註冊好之後，製作 Excel 表格進行標記，方便以後查閱。

當你註冊了通訊帳號以後，首先要進入一個 7 天的人工培養帳號期。每一個小號都需要新增滿足解封條件的帳號為好友，並且要 3 個以上，用以增強分身帳號活躍度和帳號被封鎖之後的解決方案。

每天隨意瀏覽一些功能介面，只瀏覽不操作，可以轉發一條正能量網路新聞，或者轉發一條粉絲的文，不做任何描述，單純轉發就行。

模式裂變篇　從零開始,裂變賦能,我的玩法我做主!

　　每天不定時地分享一條隨手拍的生活類發文。在瀏覽好友發文時,可以隨手轉發一條,同樣不做描述只轉發內容,不得包含廣告成分和敏感欄位。手動進行互聊,最好可以有圖片、語音訊息。

　　7天人工培養帳號期過後,就會進入20～30天的系統培養帳號階段,系統化養號就是使用群控系統,在後臺設定成自動運轉模式,模擬上面說的人工陪養帳號方式。設定好後系統就能一直自動運轉了。20～30天後這批帳號就可以正常給銷售人員使用了。

　　你看,我們上面說到了三步,實現批次化註冊後,首先進入7天的人工培養帳號,其次是20～30天的系統培養帳號期,最後就可以正常交給銷售使用了。這就是一套完整的批次化培養帳號流程。這個和之前的電話銷售團隊是類似的,只是我們把客戶全部轉移到了個人通訊帳號上面。

　　人們常說,這個世界上,兩個沒有利益關係的人很難建立關係,而但凡是建立關係的人,多半是在利益和價值取向上達成了某種一致。事實上,社群的存在價值在於它可以透過一個小小的行動,讓自己的關係網路源源不斷地裂變擴展,將身邊的陌生人,聚合成自己的客戶群體,然後帶著利益價值的期待,融入自己的粉絲洪流。從此,人氣成了裂變行銷中最核心

第八章　粉絲裂變：圈粉、變現、引爆潛力

的內容，而這種內容將隨著企業平臺的建立，成為一種私域的資產，它將源源不斷地裂變成為更大的資產，成為當下企業網路產業轉型的核心價值和重要的紅利基礎。

內容為王：深度教育打造忠實粉絲

　　產品雖然是個媒介，但毫無疑問，它是需要塑造的，是需要內容的，是需要故事的，是有生命力的。除了必要的粉絲裂變和紅利誘惑以外，更重要的一個核心，就是完善好分享經濟的核心任務。在分享中對所有的使用者進行深度教育，將自己的產品理念滲透生活，讓所有的客戶，在黏性化產品連線中，對平臺產生眷戀感，並最終長久地關注平臺、關注企業，願意更進一步地對產品進行深入了解，對企業的文化進行更全面地了解，願意更進一步地體驗產品帶來的內涵生活。這一切，最核心的要素就是內容，誰掌握了內容，誰就吸引了大眾。

　　現在很多企業人都在犯一種錯，覺得企業在這個時代需要改變，也熱衷於參與改變，但每參與一項改變，前面的一項就會順勢被拋到腦後。那麼究竟怎樣才能讓手裡的資源不會一個個丟失呢。其實也很簡單，那就是在自己的身上背一個「籮

模式裂變篇　從零開始，裂變賦能，我的玩法我做主！

筐」，將所有的資源，全部整合到這個「籮筐」裡。這個「籮筐」就是你的平臺，當你將所有的資源全部都放置在平臺中成為一個完美的系統時，毫無疑問，你的盈利會越來越多，企業也會越來越大。為什麼很多企業客戶忠誠度不高，為什麼產品那麼好，客戶都不願意分享？企業的優勢又究竟在哪裡呢？產品的競爭優勢在哪裡？品牌優勢、技術優勢、價格優勢又在哪裡？因為你對這些講不清楚、說不明白，別人就不能深入了解，所以自然對你的產品沒有信心，客戶不關注，夥伴自然也會越來越消極，最終團隊開始分崩離析。

那麼究竟怎樣才能做好平臺的內容營運呢？其實核心架構就是：

知識＋場景＋分享＋工具。

現在很多企業開展了自己的平臺分享經濟，並把平臺內容做得風生水起。那麼它們是怎麼做的呢？

有個專門做益生菌產品的商家，很多代理商對益生菌的知識並不了解，向客戶推廣的時候，只能說：「這個產品真的很好。」但好在哪裡，卻根本說不上來。如果再這樣下去，粉絲經濟肯定會受到影響，怎麼辦呢？於是他們在自己的 App 平臺加入了知識普及專欄，請專家來普及健康知識，讓更多的人了解益生菌。他們推行的政策是，只要你能夠從頭到尾看一遍健

第八章　粉絲裂變：圈粉、變現、引爆潛力

康知識，回答上面相應的問題，就可以直接領紅包。自從給了紅包，很多粉絲的熱情就開始高漲起來，因為每天發的紅包數量有限，很多人早上起來就開始翻看這些健康普及知識，有人甚至看了很多遍，把這些產品內容背得滾瓜爛熟。這樣一來，大家對產品便有了信心，不但自己買產品，還能深度影響更多的客戶加入。

此外，還有一個專門做美妝產品的夥伴，在平臺裡放了很多跟美有關的課程。同時還設定了氣質提升、服裝搭配、時尚解碼、社交魅力等一系列專欄，提升自己平臺的核心競爭力，讓每一個進入平臺的客戶，都能受到美的吸引力。這樣一來，產品讓人美，知識讓人美；內在要美，外在也要美；知識裡面有美，課程裡有美，字裡行間大家討論的全是美。這些專欄不但可以傳播知識，還可以賣錢，這是經營粉絲最佳的方法和策略。這些內容不但可以在 App 上看，還可以直接分享到網路社群上，為進一步的裂變式行銷做好充分的準備。

除了這些以外，粉絲之間的互動也是相當重要的。所以很多客戶在 App 平臺裡設定了聊天區，專門用來和粉絲互動。

有一個企業是專門做農產品的，於是以此為專題建立了自己的粉絲團。每斤蕃薯賣 200 元，他有自己的農場，所有的客戶去農場參觀的時候，都把自己的感悟和真實場景的照片，分

模式裂變篇　從零開始，裂變賦能，我的玩法我做主！

享到自己的網路社群上。有的粉絲在粉絲團寫詩，有的粉絲告訴大家，這些蕃薯真好吃，有的粉絲驚喜地告訴大家我家的蕃薯長葉了。想要建立口碑，就要給大家一個說話的地方，讓所有客戶都能看到，這就是客戶資源整合全壘打的方式。

　　由此看來，要想生意做得好，平臺內容少不了。內容準備得越充分，平臺的內涵就會越豐富。當一個平臺帶著其特有的文化氣息走近粉絲時，整個企業精神也跟著上升到了一個更高的等級。沒有內涵的賺錢方式，是簡單粗暴的，也是不能延續長久的。所以，對於一個企業來說，要想讓粉絲得到深度的教育，想讓大家一起來維護生意，除了經營產品以外，最佳的選擇，還是要對自己的平臺文化進一步優化經營。只有如此，自己的生意才會越做越好，粉絲裂變才會越來越強。既然我們都知道這是一個專屬於分享的時代，那麼除了分享紅利以外，是不是也該擔負起粉絲教育的使命呢？

第九章
成交裂變：
萬物皆虛，萬事皆允

人氣轉化：不可錯過的每一個機會

從古到今，人的悲歡離合，總是和場景有著千絲萬縷的關係。不論是回憶中兒時垂涎欲滴的一道美食，還是成年以後，面對別樣風景的感慨。每個人的世界裡，都有自己追憶的故事，每個人的生命裡都有自己嚮往的生活。只是有些時候，此情此景沒有觸碰到他們生命中最柔軟的地方，只要迸發出來，就綻放出別樣的風姿、情感、嚮往和行動。

我們可以想像，人來人往間，每個人的神經都是緊張的，如果這時，你站在地鐵上，突然手機收到一個影片：一個婀娜多姿的女子，穿著一身閒適的衣裝，清早起來拉開窗簾，看著窗外嫵媚的陽光，然後泡上一杯熱騰騰的咖啡，安靜地坐在一個放著淡雅綠植的圓桌旁，一邊看書，一邊享受著咖啡濃郁的

模式裂變篇 從零開始，裂變賦能，我的玩法我做主！

香氣。這時候一句廣告語打出來：

「恬靜的時刻，純正的香濃，美好的早晨，從享用第一杯低脂咖啡開始。每天喝，夠美、夠健康哦。」想想看，忙碌到快要失控的當下，看到手機裡恬靜的場景，明媚的春光，與擁擠的人群形成了對比。對方手中的咖啡，似乎也從某種程度上，烘托著想擁有場景生活的濃郁渴望。於是，閉上眼睛，想著眼前的自己，心中伴隨著場景的氛圍，思緒飄飛，彷彿冥冥之中，自己就站在場景之中，享受著這樣的生活，享受著咖啡杯裡濃郁的香氣。這種香氣是可以讓自己更美的，是可以讓自己活得更健康的，是可以讓自己獲得更閒適的生活的，只要自己買了這杯咖啡，就等於與嚮往的美好生活更近了一步。於是，瞬間的衝動開始透過眼、耳、鼻、舌、身、意，充斥自己的腦海；於是，為了心中的嚮往，為了改變自己的狀態，為了能夠擁有這樣的生活，哪怕是向前一步，也要果斷地做出行動；於是，有了下單的衝動；於是，決定為自己的理想買單；於是，覺得咖啡的價錢已不再重要；於是，終於在場景的渲染下，心中迎來了非買不可的高光時刻。

就在這忙碌的人群中，就在熙熙攘攘的氛圍裡，就在心中渲染的一剎那，誰掌握了消費者心中的場景，誰就贏得了行銷裂變的初步勝利，如圖 9-1 所示。

第九章　成交裂變：萬物皆虛，萬事皆允

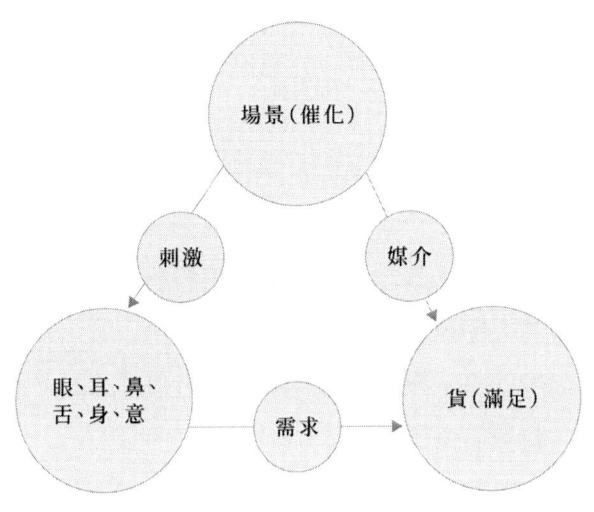

```
        場景（催化）
       /          \
    刺激            媒介
     ↓              ↓
眼、耳、鼻、         貨（滿足）
舌、身、意  → 需求 →
```

圖 9-1　人的六意與裂變

　　場景始終是與人連結的，有了人的需求，才有了貨。為了滿足人對貨的購買需求，才有了場。這個場不僅僅是為了交易，為了營造交易的氛圍和滿足進一步裂變的需要，就必須在場中製造更進一步的景，將人的感官全部吸引，全然貫通，將它們徹底吸入場景之中，然後再將場景中的一切一點點地複製到他們的生活內。於是，一步步地，場景從單一的購買，變成了重複的收看，又從重複的收看，變成了重複的分享，從重複的分享變為輪番的裂變，再從輪番的裂變轉化成為價值的體現。每一步，看似不經意的傳播，其實都是經過精密而細緻的計算和設計的。

模式裂變篇　從零開始，裂變賦能，我的玩法我做主！

　　就場景來說，它始終都是跟人的感官連繫在一起的。如果你不能透過這些場景的內容吸引到別人的注意，那麼毫無疑問，即便你把一切裝修得再好，也似乎跟他人毫無關係。所以，要想找到核心的消費族群，就要找到自己精準的目標客戶群體，找到一個有大量消費者基數的場景行銷環境，把產品和品牌植入自己編排的劇目中去。當然最關鍵的一點，就是要將節目場景中的人使用產品的感受和節目的主題彼此呼應，將場景與人之間的連線，變為自己品牌宣傳的最佳方式。這時候再把產品融入消費者的生活場景中，讓他們對眼前的一切產生嚮往。為了這份嚮往，為了心理上的滿足，為了生命中的這份情懷，此時的消費者開始秉持著內心的理想和渴望，開始對場景中的產品產生興趣，於是本能吸引，本能了解，本能引導，本能體驗，本能分享，本能沉浸，本能訂購，本能回看。一系列的追蹤式指引，全都在場景的精準掌握之下，於是購買轉化徹底完成，後續衍生出來更多的內容，也都源源不斷地產生催化作用。不單單影響消費，還更深度地渲染出品牌的文化，從生活到格局，從模式到概念，場景獲得全方位詮釋。從某種程度來說，就是一種潮流時尚的引領，一旦印證了廣大粉絲的心聲，即便產品本來無緣熱銷，只要場景對了，說不定也能成就出一個經典的熱銷商品出來。

　　所以，不要小看了場景的設計，這一切看似自然，卻不是

第九章　成交裂變：萬物皆虛，萬事皆允

取決於一般的知覺。現在的企業，面對行銷策略這件事，已經越發理性了，凡是智慧的決策者，都會透過手機使用者上網與實體通路的數據，鎖定目標客戶群體，製作消費者畫像，深入挖掘使用者需求，為創造更多符合消費者口味的融合場景提供數據分析。這樣才能促進和完善品牌與場景的融合，提升場景與人連線的感官效應。

不管是感官衝擊，還是聲相衝擊，抑或是意念、情懷、回憶，只要能夠讓消費者感覺出品牌的味道，引起共鳴，只要掌握住了他們的痛點，然後聲情並茂地用場景的力量，到位而精準地進行全方位地詮釋，行銷裂變就沒有那麼困難。看似是產品與人之間的交易，實際上完善的卻是心與心的溝通。你需要什麼我知道，你渴望什麼我知道，你想要用產品贏得什麼我知道，你的生活態度我知道，你現在內心的憧憬我知道，你最擔心的事情我知道，你渴望推開家門看到的一切我全知道。這種全然的交心和了解，就像是企業與消費者之間無聲的促膝長談，當一個企業能夠將場景、將對方心中的一切，用心地詮釋，即便是沒有很多的語言，想必也會有人願意全情投入。

因為這一切就是他的渴求，而人對於心中的渴求，從來都不是那麼理智的。

模式裂變篇　從零開始，裂變賦能，我的玩法我做主！

商品體驗：構建專屬交易閉環

場景是人、貨、場的有效連線，無論場景如何變化，貨這個關鍵內容肯定是必不可少的。所有的場景規劃，說白了就是先把貨賣出去，把貨賣出去以後的跟進式效應，才是促進人的本能分享，裂變傳播。如果場景造勢半天，別人看得眼花撩亂，最終主角卻被丟在了牆角，即便你場景做得再完美，那也是一個失敗的造勢。所以，場景行銷，先是勾引人欲，再是用貨滿足人欲，然後是用場昇華，源源不斷地烘托造勢，創造更多元度的空間，讓大家根據場景進行內容消化，最終形成反芻效應。想的應該是什麼？歸根結柢還是貨。

所以，無論你想怎麼打造場景，首先必須完成貨與人之間的完美銜接，這樣才能增加消費者對產品的了解，從而完成後續的結帳，形成自己設計好的消費閉環，同時根據使用者提供的與產品有關的資訊，可以有效地促進下一個消費閉環的有效進行。這樣一來，有貨的場景才能進一步發生裂變，在不斷地造勢中，打造出自己品牌特有的行銷模式。

如今行銷產業，已經從過去的傳統行銷轉化為網路產業行銷，其中核心變化，就是「以產品為中心」轉變為「以消費為中心」，也就是說，以前的行銷靠的是貨，而現在貨只是完成行

第九章　成交裂變：萬物皆虛，萬事皆允

銷的一個媒介。

儘管一切都是圍繞著它來運作的，但核心價值，並不僅僅局限在貨本身。因此對於眼前的產品，行銷賦予了它更深層次的使命、意義和未來。毫無疑問，這是行銷史上一個里程碑，它意味著行銷的目的從物質理念轉移向了精神意志，從產品完善轉變成了心靈建設。

這種轉變歷程，象徵著行銷品性的更高層次。所有的消費者都在這種深層次的行銷模式中，將要求不斷昇華。他們看中的不再僅僅是產品的實用性，換句話說，他們要從產品中得到更多。

由此看來，「貨」這個名詞的要求，已經遠遠不是一個產品的概念，它代表著一種模式，一種時尚，一種生活方式，一種人的精神世界，或者說它代表著更快捷、方便、富足和充實。只有真正意義上滿足人的需求，它才會比同類產品存活得更久。

那麼如何有效地拉近貨與消費者的距離呢？在這一點上，星巴克的場景行銷模式，就是一個相當不錯的案例。

早在 2009 年，星巴克就試圖將基於行動智能終端的場景式行銷策略，融入自己的經營策略之中。他將這一理念推進到了自己的購物場景中，以此來提升消費者更優質的體驗效果。

模式裂變篇　從零開始，裂變賦能，我的玩法我做主！

　　2013 年，星巴克行動支付交易額突破了 10 億美元，一共擁有了 1,000 萬行動支付消費者。這意味著消費者可以很方便地運用星巴克 App 進行消費。2015 年 7 月，星巴克又宣布支持手機應用來訂購咖啡，允許消費者到店自取。持有星巴克卡的消費者只需要進店出示 QR，就可以取走咖啡，避免了點餐等一系列的煩瑣交易過程。

　　由此看來，貨這個媒介的主要責任就是擔負其一定量的社交使命。社交的本質是人與人、人與企業的關聯。社會化網路、行動網路和大數據技術的完美結合，讓貨在詮釋社交理念的時候，更為貼心、精準，這也正是場景行銷造勢之前所必須準備的。這個過程，就是變企業、產品或服務與消費者的弱連結為強連結模式。它從某種層面上，重新塑造了商業關係的營運模式，重新定義了商業規則，而其最核心的理念就是「去除唯我理論的中心化」、「消除不切實際的仲介化」。面對貨、場景，我們不再需要打量無意義廣告的暴力洗腦，而是主動選擇自己適合的氛圍和場景，心悅誠服地融入其中，對自己感興趣的事務、產品，做出最開心的選擇。

　　就行動網路產業來說，它所賦予場景式行銷的重要決定因素有以下幾個：一是消費者的時間；二是消費者的空間；三是消費者的需求。時間決定了消費者是否基於連續的曝光，來

第九章　成交裂變：萬物皆虛，萬事皆允

對自己的產品和場景進行重點關注。還僅僅是碎片化曝光的偶遇，一個不經意的瞬間，使自己猶豫要不要將這個場景和產品引入生活。空間則決定了消費者欣然接受的場合。在什麼樣的場景下，他會第一時間想到自己的品牌和產品，迫不及待想要融入自己設計的場景。那個場合是什麼樣的，場所是什麼樣的，位置在哪裡，而此時此刻他為什麼會想到自己。是因為場景太糟糕，還是因為眼前的一切與自己的場景實在太相似了？他是因為對眼前的一切心生嚮往，還是對當下所經歷的產生了掙脫和厭離。這一切所引發的購買機率究竟有多大。需求可以說是消費者選擇產品的原因。究竟是必需品，還是場景引發了自己的情懷，抑或是追求刺激和新奇，還是單單覺得花出去的錢就是為了讓眼前的場景好好鼓勵自己。有了這些思路和數據基礎，後續的場景行銷計畫才能更精準、更有效率。

場景可以是一個產品，可以是一種服務，也可以是無處不在、無時不在的身臨其境的體驗。伴隨新「場景」創造，新的連結、新的體驗、新的時尚、新的流行……層出不窮。這正應了那句名言：「生活處處是場景，每一個人都生活在場景之中！」那麼究竟怎樣才能有效地完善場景與貨之間的銜接呢？看看下面的幾點，對自己是否有啟發意義。

模式裂變篇　從零開始，裂變賦能，我的玩法我做主！

■ 第一，注重細節

要想完善場景與貨的銜接，首先要把貨和產品的思路投射到生活中。我們需要關注生活中所有人氣的價值取向。對於生活的嚮往，對於時尚的概念，對於追求的態度，以及在什麼時候最渴望得到眼前的東西。有了這些數據的支持，再進行場景行銷的時候，就會更有針對性，也會更生活化、細緻化、精準化。當一系列的推敲，最終在每一個細節中得到完美的詮釋，人們會很自然地將場景對應入內心。原因很簡單，那就是他們心中所想，就是他們想要的生活。

■ 第二，網路與實體通路融合

滿足了消費者對消費的嚮往，接下來就要將網路與實體通路做到完美融合。網路上可以用小影片的方式將產品進行深入人心的推廣，而實體通路可以用各種活動和店面場景烘托消費氣氛，讓消費者一見面就會自然回放心中的場景。整個行銷模式，網路與實體通路保持高度的統一，所有的一切都在這個過程中，獲得了完美的融合。網路對場景心馳神往，線下對場景戀戀不捨，有了這樣的場景體驗，相信想要實現熱銷話題，應該並不困難。

第九章　成交裂變：萬物皆虛，萬事皆允

■ 第三，巧妙融入產品

場景造勢完善了以後，接下來就看怎麼烘托主角了。很顯然，場景中的主角不是明星，不是美女，不是優雅明亮的房間，而是這一切資源整合以後，烘托出來的貨的魅力。我們要告訴消費者，眼下一切美好的境遇，都是因為貨，只有你買到了貨，才能贏得眼前的一切。如果此時你錯失了這個機會，那眼前美好的一切也只能是看看而已。當消費者對於產品價值的概念精準定義在了這個層次上，毫無疑問，為了抓住眼前美好的生活場景，為了長久地擁有這種生活體驗，即便是眼前的產品，並不是自己當下所必需的，只要自己負擔得起，多半不會放棄。因為沒有人會拒絕自己想要的生活，而眼前的場景正在無形中對它實行暗示：「如果你當下拒絕了它，你就是在拒絕你自己。」

毫無疑問，行動網路時代已經悄無聲息地到來，而場景行銷的模式也伴隨著時代有了進一步的更新和轉化，它的概念除了眼前的貨，還有更多更深層次的含義。它象徵著新購物時代的到來，象徵著人們能夠透過更便捷的方式購買到心儀的場景、產品，最大限度地滿足自己的消費需求。這是一個被改良了的高效購物時代，所有的時間空間，都充滿著別樣的需求。更讓人驚訝的是，這種需求隨時隨地都在進行，不論是在捷運

模式裂變篇　從零開始，裂變賦能，我的玩法我做主！

公車，還是在去往咖啡館的路上，越來越多的購物場景，正在以各種媒介和方式進入消費者的世界。作為企業而言，眼前的貨怎樣在第一時間打入消費者的內心世界，就場景這件事而言，是不是也應該有一個精準改良和評估呢？

場景優勢：精準掌控時機與地點

　　場景行銷的裂變，最核心的內容，就是一個「場」字。它是一個空間，一個無限延展的地域，一個可以不斷渲染、填充、發展、表達的容器。這個空間越是空曠，裡面可以做的文章就越多元化。多元度的場景效應再加上精準的大數據計算完美配合，總是能夠給消費者帶來一種眾裡尋他千百度，得來全不費工夫的感覺。精密的計算，讓大家在對的時間、地點，藉助產品的宣傳媒介找到對的感覺。因為這份感覺來得自然，來得直接，就會讓人們本能地聚焦在場景之中，成為場景中重要的一分子，在強烈的氛圍渲染下，成為整個行銷設計的配合者。除了購買，還有分享，除了分享還有紅利，除了紅利還有事業，除了事業還有理想，而理想的昇華還可以繼續延展，成為一種對世界的擔當和責任。這些劇目一個個在場景中上演著、昇華

第九章　成交裂變：萬物皆虛，萬事皆允

著,越是上升到一定的高度,越是能夠獲得無可估量的價值,而這就是場景行銷在「場」中的魅力所在。因為有了場,所以有了場裡的人。因為有了人,所以有了進一步渲染的劇情,因為有了劇情。便順利完成了場景文化。因為有了文化,一切行銷模式都煥發出了無窮的生命力。

其實場景這個詞,起初就與「場」字有著不解之緣。因為有場,才有資本去填充裡面的景。它本來是小說和影視劇中的核心詮釋,說的是在一定時間和空間內發生了一些規劃好的故事,裡面的人物採取了故事情節下的各種行動。因為這些人是動的,物品也跟著動起來,裡面的一情一景都在為核心精神服務,最終畫面感越來越成熟,越來越精準。看似一切都是自然的,其實卻是經過了一番精心準備和打磨的。它是一種場合、風景、社會環境與自然環境的疊加結合。因為有了它的渲染和存在,所有人物的情感流動和行為流動才變得更加鮮活,更加自然,更富有感染力。

在行動網路時代,場景是建立在移動智慧設備、社交媒體、大數據感測器、定位系統之上的整合式體驗。它重構了人與人、人與市場、人與世間萬物的連繫方式。也就是說,在我們的生活中,有很多場景行銷模式,都是無形地在網路上營運完成的,而真實的參與者,就是企業手中擁有的真實的客戶。

模式裂變篇 從零開始,裂變賦能,我的玩法我做主!

這些客戶,始終都在關注著你,關注著你提供給他們的生活,關注著你渲染出的場景,並將這些真實的感覺帶入生命,分享給生命鏈條中的其他人,隨後,你會發現自己所創造出的場景和空間,參與的人越來越多,大家秉持著各種期許和目的,在場景的渲染下,有了更為真實的心理活動和行為活動。

他們開始分享生活,開始形成購買,開始彼此交流,儼然成為一個自然流動的情境社會。這個社會的成就者不是別人,恰恰就是企業本身。企業透過對場景的建造,進一步吸納了更多的人氣,提升了粉絲的活躍度,並打造出了屬於自己的 IP 和文化。當這種場的文化開始在群體中發揮效應,成為他們生命中不可或缺的陪伴時,很顯然,後續一系列的商機、價值和經營謀劃,都將成為水到渠成的事情,如圖 9-2 所示。

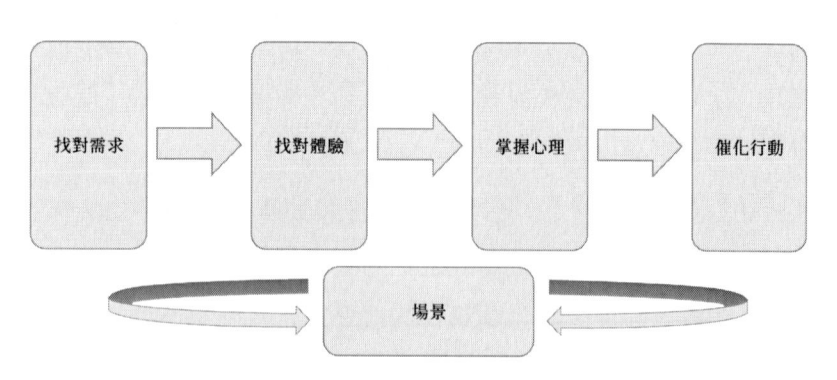

圖 9-2 場景與裂變

第九章　成交裂變：萬物皆虛，萬事皆允

　　一個商人，專門賣辣子雞丁，餐廳裡選單上的辣子雞丁圖片品相再好，也很難吸引到所有的消費者。但是他想到了一個主意，找到一個拍攝團隊精心拍攝了一段影片：一個老人從農園裡摘來新鮮的紅辣椒，現殺了一隻雞，精心醃製。當紅紅的辣椒，伴隨著新鮮醃製的雞肉，一起倒入熱鍋裡發出「滋啦啦」的響聲時，香噴噴的煙火氣頓時從鍋中蒸騰上來。辣椒的香氣與雞肉完美交織在一起，伴隨著輕快動人的音樂，輕快地在畫面中流轉。

　　此時，旁邊灶上的白飯也出鍋了。老人把辣子雞丁盛出來，對著鏡頭，一邊吃著辣子雞丁一邊啃著白花花的米飯，看著你滿足地笑。此情此景，你說誘人不誘人。這時候下方打出產品資訊：「想吃就點，240 元一份。」這段影片一經推出，整個 App 裡的點閱率都爆炸了，大家將這個影片透過通訊軟體轉發給親朋好友，而看到這個影片的人，便開始迫不及待地開啟 App，非得要試試這個誘人的辣子雞丁。很快，辣子雞丁就成為他家的經典熱銷商品，每天賣出去幾千份，而且這個數字還在上升。很多人都在 App 平臺上分享他們買回家後嘗試的感覺。各種圖片，各種感觸，各種文字渲染，各種分享，於是場景行銷瞬間變成了場景裂變，所有人因為場景的誘惑，不自覺地採取行動，迫不及待地想要擁有影片中老人的美食享受。這

模式裂變篇　從零開始，裂變賦能，我的玩法我做主！

儼然成了他們看影片時，心中最直接，也是必須達成的執念和嚮往。

所以看看吧，不管你手裡的是什麼產品，只要場景用對，都有可能成為熱銷商品。產品無大小，場景對就好。所有的人都生活在不同的場景中，如果你是那個場景製造者，毫無疑問你就掌握了人的執念，你就能夠撬動他們的情懷，你就能夠引領消費，你就因此掌握住了絕對意義上的消費市場。

那麼究竟應該怎樣經營好企業品牌產品的場，又該怎樣布局企業場景呢？其實這件事也非常簡單，只需要做對這幾件事，那就是——找對需求、找對體驗、掌握心理、催化行動。

■ 第一，找對需求

需求這件事，不論是對於企業產品研發來說，還是對於進一步的行銷推廣來說，都是再重要不過的事情了。所謂無需求不成江湖，想要讓別人跟你一起做，首先就要看清對方最想要的是什麼。你想要，我這裡有，不管你的需求怎樣提升，我這裡永遠都能給你做到極致，既然我這裡都是極致了，你還要去別的地方體驗嘗試嗎？一旦這樣的模式，深入人心，產品和行銷策略打動想要完成場景模式下的一見傾心，愛不釋手，就不再是一件困難的事情了。

第九章　成交裂變：萬物皆虛，萬事皆允

■ 第二，找對體驗

產品由粉絲給你分享出去了，你的畫面感要足夠吸引人，足夠有現貨的體驗感。這種體驗感未必真的就是在消費者觸碰到產品的時候才有的，而是要在消費者看到場景的時候，就本能地產生反應。他們迫不及待地想要深入了解產品，融入場景體驗，體驗場景下聲情並茂的生活。這時候你對他說：「想要嗎？把產品帶回家，這個生活就屬於你了。」這時候，產品體驗的衝擊力，後續裂變行銷的爆發力，無需太多的渲染，有圖、有場、有真相，一旦對方進入了場景，那麼一切就都水到渠成了。

■ 第三，掌握心理

因為有了場景的融入，客戶的心理便會很自然地受到影響，從而產生一種對美好的嚮往，將會迫使他們融入場景的洪流，這時候作為企業就需要更為精準地掌握客戶心理，想想這些客戶在不同心理狀態下，又該怎麼為我所用。有些客戶可以用來分享，那就給他分享紅利；有些客戶直接反應於購買，那就渲染他購買的欲望；有些客戶舉棋不定，總想找到進一步的驗證和說明，那就用豐富的內容去催他嘗試，堅定他購買的信念。當然還有一些人，秉持著愛占便宜的心理，這時候不妨利用他的這種心理，讓他在占到便宜的同時，不斷地為自己帶來更多的

模式裂變篇　從零開始，裂變賦能，我的玩法我做主！

利潤和收益。如此一來，所有的心理都得到滿足，所有的心理都在場景中流轉，所有的思想都在影響著品牌的紅利和價值。這樣的場景一旦建立，企業始終都是賺的。

■ 第四，催化行動

心理上滿足的最後一步就是催化行動。正所謂大場景中催化著小場景，不同的客戶心理促成不同的行動，但這些客戶行動必須是為我所用的，必須是能夠為企業帶來價值的。從一般時間成本計算來說，一個產品吸引到使用者的時間，不過幾秒。如果能夠把場景渲染到位的話，很可能這種關注就會長時間地聚焦延續。此時就會迸發出各式各樣的機遇和渴望，而人在渴望的影響下是最願意採取行動的。不管是理性消費，還是非理性消費，核心就是讓所有人把自己能為品牌做出的貢獻付諸行動。如果這件事能夠成功，毫無疑問，後續的行銷規劃不論怎麼做，真正的紅利始終還是掌握在自己手裡的。

所以一個企業能不能贏，場很重要。大場景帶動 N 個小場景，小場景下面又是更小的計畫和場景，當場景在行銷策略中不斷裂變時，毫無疑問，這種場景所發揮的效應，不僅源源不斷地刺激於消費，還會深化延展到企業的發展之中。當所有的能量在場景的聚合下成為一個強大的整體時，我們不得不說，這不論是對企業，還是對企業場景行銷下的所有人，都將是一

第九章　成交裂變：萬物皆虛，萬事皆允

個互惠雙贏的契機。這樣的契機越多，獲得效益越豐厚，企業的未來就會越好。這個時候，掌握人氣的企業，隨著人氣滾雪球式的不斷膨脹，打造全新的模式，也隨時可以一呼百應。這種造勢不但會獲取更豐富的利潤，從延續品牌生命力的角度來說，它所創造的收益和價值必然是無窮無盡的，不可估量的。

模式裂變篇　從零開始，裂變賦能，我的玩法我做主！

第十章
金融裂變：
升級賺錢模式，開源節流

破局重設：打造專屬策略思維

現在，大家都喜歡說「破局」，就是打破原來的局面、突破原來的層級。實際上，人的思維是有一定層次的，當遇到一定的問題時，一般都需要提升自己的思維層次，才能夠有效地解決問題。這樣的場景你肯定在生活中遇到過：

你很忙 ── 天天要加班 ── 狀態非常差 ── 心情很糟糕 ── 效率非常低 ── 變得更忙碌。我們明明做了很多努力，可是自己想要的結果卻一直沒有得到，就像是我們從小都知道的例子那樣：一頭驢一直推磨，只知道一個勁地往前推，但是仍舊在原來的位置上做著重複的事情。怎麼破局呢？破局的角度有很多，接下來就選擇其中的幾點進行講解。

模式裂變篇　從零開始，裂變賦能，我的玩法我做主！

■ 第一，「四維」立體破局

其實，我們每一個人都是生活在自己設定的「局」之中，也就是「慣性思維」之中，很多人根本「不知道自己不知道」，要想打破這樣的局面，首先就要知道局面是什麼樣的，也就是要看看自己的某個方面是不是陷進了「認知不足」的死循環之中，之後便可以循著這樣的認知，找到其中的關鍵鏈條，將它們打斷之後進行重新塑造，從而讓這些被打斷的內容能夠進入「正向循環」的發展軌道。要將正確的賺錢模式建立起來，就要將原來的錯誤認知剔除掉，開創自己的策略思維。有的人不知道自己當下的局面是否需要破除，這個時候就需要精準判斷了，可以對自我問兩個問題：

一是問自己對當下的狀態是否滿意；二是問自己，這樣的循環對自己是不是有好處。像上面所說的，工作「很忙」且情緒不佳，而後導致工作更加繁忙，這就是一個典型的對自己不利的負面循環。

如果這兩個方面均不具備的話，那麼下意識地去對「破局」的方法進行找尋是非常有必要的，改變的前提是自我對這方面有清楚的認知。基礎層面上有一定的清醒意識之後，大腦才會對自己的狀態進行刻意調整，繼而使自我行為改變。也就是說，要打破局面就要將負面循環的不正確狀態打破，如原來

第十章　金融裂變：升級賺錢模式，開源節流

你非常忙碌，忙得沒有時間進行思考，現在你每天給自己設定一個固定的時間段對每週的工作情況進行反思改進，以及對下週的重點內容進行規劃等。如此，你便會一步步地朝著正向的狀態邁進。

但是，只有這樣的正向行為是完全不足以打破局面的，還亟須將新的認知層次建立起來。我們在鼓勵別人的時候，經常會說的一句話應該是「好好加油和努力吧」。大多數人並沒有思考「好好加油和努力」是不是能夠發揮功效。要對勤奮是否有效進行判斷，可以將其劃分為4個認知方面：一是低水準的勤奮，二是方法論的勤奮認知，三是認知包含一定的小目標和核心，四是認知是有策略和有執行，以及具體規劃的。

在第一種狀態之下，個人除了能夠自我感動之外，並未獲得極大的提升。這也是很多人的意識當中所處的一個層面，意識到加班沒有效果，卻還不認真反思，繼續這樣的狀態。在第一種狀態的基礎上，加入一些方法論層面上的勤奮，會在工作當中找到一定的有效方法，使自己的忙碌和勞累獲得稍許緩解，就進入了第二種狀態。這種勤奮狀態的人，在遭遇難題的時候，知道藉助他人來解決。第三種狀態大多在工作場景當中運用。自己的工作有一定的計畫和目標規劃，並且具備基本的認知水準，主管並不需要天天對之進行督促。然而，這樣的狀

模式裂變篇 從零開始，裂變賦能，我的玩法我做主！

態使自己僅僅在自己能夠掌握的圈層內活動，倘若脫離了相應的圈層，便沒有辦法應對了。第四種狀態是對策略方向有一定的了解，也就是做這件事情是為了什麼，將來要達到什麼樣的效果，並且明白自我核心競爭力是什麼等，基於這樣的認知去做事情。

以上所說的這四種狀態，在我們實作當中可以借鑑，對自我進行對標，覺察自我的認知架構立足於哪種層面。在這裡，尤其要說明的一點是，要想破局，取決於基礎認知的深淺。所以，我們在對某件事情進行抉擇的時候，不能僅對其「表層」加以探究，更要對其背後的實質進行反思，才不會使自己陷入負循環的困境之內。

■ 第二，層次破局

我們都知道，人是一個複雜的系統。同樣，人的認知體系也是極其繁複的。我們的大腦每天要接收非常多的資訊，要聆聽各種想法等，儘管接收到了很多有用的資源，然而也會使得大腦陷入混亂的狀態。因此，我們常常遇到的一個問題是，當我們下定決心去改變一些方面的時候，過了沒多久，又回到了最初沒有秩序的狀態，常常在中途就停止努力了。

大多數人處於這樣的狀態，是因為對自我付出的努力沒有充分的認知，甚至是在長短期博弈當中面臨著無法抉擇的問

第十章　金融裂變：升級賺錢模式，開源節流

題，就算自己想要打破局面，但是狀態也是非常迷茫和糾結的。儘管當下遇到的問題就像一團團迷霧，讓人沒有辦法輕易發現其根本性質，然而正是因為大腦有著非常複雜的思維特質，所以在思考和做決定的時候，仍舊可以遵循一定的邏輯。

從層次這一視角出發，去打破局面，有益於將我們的認知水準提升上去，繼而更為體系化地去解決遇到的難題。這些層次可以被劃分成4個方面，也就是價值觀、能力、行動及環境。

在這樣的思維層次之內，每個層次的反思均會對之後的層次形成明顯的影響。更高層次發生一定的改變，會使得下面的層次產生與之對應的變化。也就是說，層次比較低的方面遇到的難題，是比較容易被解決的，在日常活動之中，我們大多遇到的都是低層次因素造成的難題，也就是環境和行動這兩個方面的難題。通常來說，在低層次中遇到問題的時候，向著高維度去尋求一些處理方法，會非常有效果。

藉助簡單的演繹，便可以知曉，上一層次的思維模式會對下一層次的思維模式產生直接的影響。當我們梳理清楚這樣的層次思維之後，由高到低對思維進行重新建構和界定，那就是真正的思維層次突破了。所以，從這樣的視角出發，我們不會將解決貧窮這一問題的方式，置於節省支出這一層面上，而應

模式裂變篇　從零開始，裂變賦能，我的玩法我做主！

當努力去將自我能力提升上去。這樣自己所處的環境，也會對自我發展更加有益處，繼而使得個人發展邁入正向循環，真正打破原有局面。

數位資產：商業未來的新財富

曾經和一位老闆聊天，他說：「現在雖然我已經開發了自己的 App，但是說實話，我現在依然感受不到數位化時代帶來的那種翻天覆地的變化。我始終覺得產品才是王道，如果產品品質不好，什麼人氣、資產，全都是一些虛無縹緲的東西。」我當時聽了以後，笑笑說：「數位資產難道就不是資產了嗎？在我看來，你的銷售是在數位資產的引領下完成的。數位資產告訴了你以什麼樣的行銷模式進行行銷能取得成功。這難道算不上自己的資產和財富嗎？難道沒有為你帶來理想化的收益嗎？」他想了想說：

「你這麼一說，還真是這些無形的資產給我的經營指明了方向，但我總覺得它是看不見摸不到的。」這時候我告訴他：「無形的資產雖然看不見，卻並不意味著不存在。它是可以多元化的，是可以在無形裂變中不斷成長的。這種數位資產的神

第十章　金融裂變：升級賺錢模式，開源節流

奇力量，很可能遠遠超出你的想像。」

那麼數位資產究竟在我們的現實生活中以怎樣的形式存在呢？其實不論是怎樣的方式，本質上都離不開金融與科技的完美結合。它可以是大數據，可以是人工智慧，可以是物聯網（IoT）、區塊鏈、行動網路等多種形式，它還可以是積分，可以是人氣，可以是平臺的數據分析，也可以是互動交換中的裂變反應，它代表著新一代數位技術對傳統經營模式的融合互動，也意味著傳統企業新格局下的改造更新。它所涉及的面非常寬廣。它隨時可以被整合成不同的類別和形態，成為企業手中的無形資產，變相地以多元化的形勢為企業的需求服務。

以咖啡店為例，透過數據分析，它可以判斷出，在哪些區域，存在屬於自己的集中性客戶。這些集中性客戶的年齡範圍是怎樣的，工作範圍是怎樣的，慣用的購買方式是怎樣的，對口味的要求是什麼樣的，審美是怎樣的，多數選擇什麼樣的口味？這些客戶，潛在的裂變究竟有多大？怎樣的促銷方式才能促進他們的人氣裂變？什麼樣的互動模式，才不至於遭到對方的厭煩？這些客戶手中有價值的資源是什麼？究竟怎樣將這一切整合變成自己需要的資源？

有了這些準備以後，咖啡店就可以全然沉浸於自己的裂變行銷設計之中。哪裡更適合開店？開店的規模應該是什麼樣的？

模式裂變篇　從零開始，裂變賦能，我的玩法我做主！

店內設計應該怎樣優化？怎樣進行店內活動策劃？怎樣改良區域內的咖啡品類？怎樣更有針對性地供貨？怎樣能夠有效促進人氣的裂變？店內的員工又應該掌握怎樣的行銷話術？就這樣經過一步步的數字推演，所有的無形資產經過整合，成為有形的價值。因為之前做了綜合性的策劃和準備，所以在進行進一步行銷推廣的時候，就不會那麼手足無措。

此外，從金融角度來說，App 上的營運效果也是相當有亮點的。如果客戶願意參與 App 上的裂變分享活動，如果客戶每天都能參與平臺的互動，如果客戶經常會為平臺吸引大量的資源。那麼他就可以因為這些貢獻而贏得企業更多的青睞和寵溺，針對不同的任務類別，享受更多的福利和分紅。這時候數位經濟就會無形影響消費，成為客戶裂變經濟中一個必不可少的動力。

例如，不管你在 App 平臺上完成了什麼樣的任務，都可以按照比例，獲得相應的積分，而這些積分是可以裂變的，是可以透過別人的購買獲得提成的，是可以真正用來當錢買東西的。這時數字的概念便瞬間與消費行為連線在了一起。當大家意識到當下自己的努力可以跟錢掛鉤，所有的積分都是自己變相的金錢時，那種分享裂變的積極性和活躍性就會瞬間激發出來。對於企業來說，數位經濟是完全掌握在自己手裡的，自己

第十章　金融裂變：升級賺錢模式，開源節流

的貨究竟價值多少，能獲得的紅利是多少，可以給予的讓利是多少，都是一筆非常清楚的帳。把積分讓利給別人，讓積分利滾利地帶來更多的裂變收益，自己不但不會因此而遭受損失，反而會裂變出更多的資產和財富。這樣的好事，無非是一種有形無形的數位營運罷了。當一個企業能夠在自己的平臺上將數字資產有效地整合利用時，其潛在的真實經濟紅利就會源源不斷地變現成真實價值。

當有形資產伴隨著無形資產不斷地壯大擴充時，如果你再說自己的數位資產不是資產，那毫無疑問，對於當下這個網路產業為王的時代，你確實應該好好調整一下自己的營運思維了。

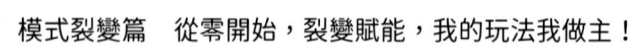

模式裂變篇　從零開始，裂變賦能，我的玩法我做主！

第十一章
產業裂變：
轉型升級，成就行業領軍者

成功祕訣：整合能力決定未來地位

說到資源整合，很多人心裡會瞬間閃現各式各樣的概念。沒錯，這個世界所有的擁有都是資源的整合利用。有句話說得好：「天下萬物不求為我所有，但求為我所用。」所有的資源，其實已經呈現在那裡，關鍵就看你的整合能力是否到位。有些人覺得之前別人賺錢的途徑，就是最好的途徑，自己只需要依樣畫葫蘆，就肯定不會錯。有些人在整合資源的時候就很理性，他們會有針對性地進行數據分析和調查研究，然後針對手頭的資源進行全方位的思路整理。他們渴望以小博大，以方寸之地贏得整個世界。他們的思路和眼界始終不是手頭的一點點，即便是手裡只有一根針也能創造效率無極限的方法。最終他們的方法會很快獲得別人的認同，他們也因此源源不斷地獲

模式裂變篇　從零開始，裂變賦能，我的玩法我做主！

得了財富和資產。這時有人會問，真的有那麼神奇嗎？要想把這個概念說清楚，就先讓我們從下面的一個有意思的策略遊戲開始：

想像一下，現在你中了一個大獎，你面前有兩個按鈕：第一個按鈕，只要你按下去，就可以馬上拿走 100 萬美元。第二個按鈕，如果你選擇的話，你有 50％的機率獲得 1 億美元，但也有 50％的機率什麼也得不到。那麼這兩個選擇，你究竟會選哪個呢？

或許這時候，80％的人會選擇 100 萬美元，因為這樣最保險。100 萬美元其實也很可觀，為什麼要拋開這麼可觀的收益，去承擔什麼都沒有的風險呢？但是如果你可以將手中的資源進行有效整合的話，你會發現，其實選擇第二個按鈕更有利。

如果你把價值 1 億美元的第二個按鈕，以 5,000 萬美元的價格賣給願意承擔風險的人，你就能淨賺 5,000 萬美元，而不是 100 萬美元。

如果你選擇賣掉自己的選擇權的話，你可以以首付 100 萬美元的價格將這個選擇權賣給別人，同時簽訂合約，如果他中了 1 億美元，再給你 3,000 萬美元，這樣你就整整又賺了 3,000 萬美元。

第十一章　產業裂變：轉型升級，成就行業領軍者

你可以把這個選擇權做成公開發行的樂透彩券，2 美元一張，直接印 2 億張，這樣就能成功進帳 4 億美元。就算頭獎分走 1 億美元，不計算發行樂透的成本，你還能賺 3 億美元。

如果你能夠有效利用樂透這個商業模式，你可以設計出幾個抽獎遊戲，把它們轉化為自己做的生意，這樣你就可以賺上至少 10 億美元。

如果你可以有效地利用好這 10 億美元的話，你就可以完成公司的上市，這樣估值就可以達到 20 億美元，公司如果經營得順利，那麼它的市值甚至可以漲到 100 億美元。

……

如果你只看到了眼前的 100 萬美元，也就意味著你放棄了後續的一切可能。這就好像現在很多傳統行業的老闆，只看到了產品與現實的成交，卻沒有在成交以後對後續的財富進行整合和規劃。毫無疑問，對於當下的企業而言，不是資產和機遇不存在，而是它們根本不在意，看不到，也從來沒有想過將這些資源進行管理和整合。他們被視為廢品拋到一邊，直到有一天真正看到它們價值的伯樂出現，所有的資產在整合完畢以後，便成了閃閃發光的財富。

古人有句話說得好：「種瓜得瓜，種豆得豆。」你給自己撒下的種子是什麼，也必將因此收穫什麼。撒下的是客戶，收穫

模式裂變篇　從零開始，裂變賦能，我的玩法我做主！

的是客戶；撒下的是老闆，收穫的是企業。或許以前的成功，靠的是你掌握的技能，而現在的成功，靠的卻不僅僅是這些。真正的成功，不是你會什麼，而是你最終整合了什麼。這個世界永遠不缺行業的高手，而當你將這些高手整合在一起的時候，就會發現原來高手中的高手，做的就是「整合」！

突破模式：成為行業獨角獸的關鍵

相信現在很多人都知道利樂這間包裝公司，就拿 2021 年來說，利樂總共賣出了 8,000 億元的包裝，外加 4,500 億元的銷售額，在十年前，利樂就已經生產了市占率 95% 的無菌包裝了，換句話說，10 罐軟飲料之中，有 9 罐以上的包裝是利樂提供的。

利樂到底是個什麼樣的企業？1979 年開始，利樂經歷了前後 20 多年的打拚，仍舊沒有獲得良好的效益。1990 年之後，一家乳業公司發現乳製品的需求越發顯著，未來的發展指日可待，但是大多數的產品採用的均為低溫殺菌技術，採用這樣的技術解決不了牛奶的長期保存問題，會導致產品在市場上根本發揮不了競爭力。這會使乳製品的發展有極大的限制，大大打

第十一章　產業裂變：轉型升級，成就行業領軍者

壓本該獲得的高額利潤。這個時候，乳業公司發現利樂掌握一項包裝技術，能夠讓牛奶保存半年的時間。於是兩個公司進行了談判，可是一開始談判就遇到了困難，因為就乳業公司包裝這個項目來說，並非單純進行包裝就可以了，要解決乳業公司當時面臨的難題，還要引入三條生產線，加起來就要耗費1億5,000萬元。那個時候的乳業公司，拿不出那麼多現金，怎麼辦呢？

這個時候，商業模式就發揮了自身的價值。兩家公司共同商討，利樂做出讓步，讓乳業公司先支付20%的貨款，也就是先支付3,000萬元，剩下的貨款先不用乳業公司支付，但是需要乳業公司採購1億2,000萬元包裝紙的錢，就可以將這1億2,000萬元設備的錢抵消掉。乳業公司聽到了這樣的做法，自然非常認可，兩個公司就長期進行策略合作，簽訂了30年的獨家供應包裝紙合約。利樂採用這樣的方式，使其能夠滲入乳業公司產品生產的每一個細節之中。

利樂非常善於市場調查、市場分析和管道建設等，該公司滲入服務的一系列程序中，了解客戶需要的內容，為之提供相對應的服務。

利樂甚至協助搭建起的乳業分銷管道和零售終端，早期的乳業專業人士培訓也是由該公司完成的。利樂對上千家的民營

模式裂變篇　從零開始，裂變賦能，我的玩法我做主！

公司進行培育指導，不但幾乎免費為它們提供相應的設施設備，還提供與之對應的一系列服務培訓專案，使它們依託於這樣的服務產品，將自己的乳業品牌建立起來。由此，利樂也將一系列乳業生產和管理，以及銷售解決方案系統建構起來了。

第十二章
智慧裂變：
AI賦能的成交革命

自主系統：提前捕捉經濟紅利

現在的時代最火熱的是什麼？那當然要屬網路了。人工智慧、智慧電商的發展，已然讓網路有了更高層次的推進，5G的運用和進一步推廣，告訴我們，未來，人工智慧勢必會普及，如果將它和企業的發展連繫在一起，自主系統可以分成很多個方面。

我們平時在網頁上搜尋關鍵詞的時候，會發現有些排名在前面，有些排名在後面，這是人工數據在後臺進行操作的。現在的系統，可以自動生成網站模型的核心技術，可以沒有縫隙地對整個公司網站的頁面進行複製，透過對高權重的新聞資訊平臺相互嫁接，自發地建構起企業網站的官方網站，繼而使首頁的諮詢轉化率獲得提升。相比傳統的群發排名來說，這樣的

模式裂變篇 從零開始，裂變賦能，我的玩法我做主！

轉化比例會提升幾倍的數值，自動對關鍵詞進行轉變，從而使得快速排名搜尋引擎首頁獲得落實。

除此之外，還可以有全網行銷展示體系，也就是依賴於智慧化的手段，對行銷網站體系進行建構，並且隨著時代的發展獲得更新。過去的傳統網站設計，需要懂得一定的程式碼和程式設計技術，之後的操作，經常會被相應的專業網路公司捆綁，從而收取其他的額外費用。然而，掌握了 ERP 自我架構智慧行銷，甚至可以達到 0 程式碼將智慧行銷類型的網站建立起來的程度。也就是說，只要會辦公軟體，便可以知道怎樣設計網站，並且能夠設計出自我想要的高階網站樣式，能夠同各種行銷外掛程式相互銜接，沒有縫隙地對接 PC 網站、手機行動網站、社群網站官方帳號，以及 App 等，形成一個後臺式的管理，能夠智慧化地對版面進行編排和布局，並且達到自動行銷和攬客的效果。除了網站之外，還有智慧化的 App 平臺，一鍵自動生成的程式碼有著更低的價格。

自主系統也包括智慧化的電子銷售機器人，運用 AI 智慧語音辨識技術，使其能夠有針對性地挖掘和分析客戶的問題，繼而能夠有針對性地做出解答，提高服務水準和成交比例。另外，現在社交通訊軟體上的有效使用者數幾乎全民普及，那麼掌握好社交軟體中的免費人氣就非常關鍵了。智慧化的行銷體系

第十二章　智慧裂變：AI 賦能的成交革命

會將 AI 智慧文字聊天體系建構了起來，經由語言對話大數據，能夠及時回覆消費者的提問，使他們獲得相應的解決方案，繼而降低人工成本，並且能夠 24 小時進行答疑解惑。除此以外，還包括智慧化群組發文、智慧化聊天、自動化新增粉絲等功能。

一站式連結，手機在手，做什麼都不愁

隨著網路的進一步普及，人們完全可以實現「一機在手，天下我有」的願景。換句話說，只要我們有手機，很多問題都可以解決了。想買東西，直接用手機上網購買，快遞到家；餓了想點外送，直接用手機上網點餐，外送人員送到家門口。由此，也改變了商業模式。過去為企業提供生意參謀的服務模式關鍵立足於單個場景，以及單個門市之上，採用純數據的內容顯示。在一站式的連結閉環之中，運用不同場景的商業解決方案，使消費者能夠更快速地梳理清楚數據的具體框架，從而卓有成效地進入相應的商業場景。全通路、全連結、一站式的服務定位，已然在網路零售商、品牌商等不同種類的使用者群體當中運用，並且服務的觸角已然由國內延展至國外，如東南亞

模式裂變篇 從零開始，裂變賦能，我的玩法我做主！

國家等，使使用者群體不斷被擴大。

近些年雲端原生是其另外一大重要標籤，特別是它們的數據庫產品線，已進入 2.0 的發展模式，採取一站式連結的技術方式，使其能夠走得更遠。就雲端原生來說，廣義的定義是全方位地運用雲端服務建構軟體。其狹義的定義是經由軟體套件等新型的技術手段，對應用進行設置。最先開始的應用，也就是 1.0 時代，是立足於 IT 基礎設施雲端化，以及核心場景的搭建，將數據庫自我效能和服務體驗水準提升上去。到了 2.0 時代，立足於行動網路、5G 等技術推動，數據的應用場景有著更加豐富的表現。由此，需要將一站式的連結搭建起來，將數據庫服務水準完全釋放出來。

這樣的一站式連結有什麼功能呢？一是有著極其強而有力的企業級別的數據自治水準；二是能夠對有關產品進行更有力的管理和控制，使得使用者獲得更平穩和快速且安全的使用體驗。不管是什麼類型的公司，都可以運用這樣的全連結平臺，如不同地區的企業，可以利用這樣的平臺，將所有數據匯入網路，網路進行數據的蒐集和自動彙總整理，並且可以將不同地方的同一類型的企業彙總在數據庫平臺之中，只要拿著手機，遠端就可以操作；三是整個運作透過手機數據傳輸完成，有相應的安全優勢，包括訪問、儲存、傳輸等層面的安全性。

第十二章　智慧裂變：AI 賦能的成交革命

想一想，作為企業利用一站式連結，可以將有關數據數據整合在一個平臺之上，很多數據可以自動生成，管理非常方便；作為消費者直接透過手機就可以完成一整天的活動，想要出行，直接在手機上選擇相應的服務，會有專業人員直接為你定製相關的旅行線路；想要訂酒店，直接在手機上操作，就有專人為你安排好相應的住宿。未來的經濟發展，誰掌握了一站式連結的核心技術，誰就掌握了財富先機。

智能讀心：行銷裂變的全新境界

所有企業都想讓自己的消費者越來越多，自己的利潤越來越高，這一切目標的實現都離不開好的行銷。如何將好的行銷落實到位呢？那就要進行合理化的設計，也就是從消費者的心理出發，像一個讀心者那樣去讀取使用者的實際所需，從而推動行銷獲得更多使用者，形成更多裂變環。

例如，我們在社群媒體上看到一個促銷活動，這個活動可以讓我們享受一定的折扣和優惠，若將它分享出去，就會有其他人看到，這就是開始裂變了。由此可以看出，裂變通常是透過一個點鋪散開形成一個面，經過持續化的裂變會呈現更龐

模式裂變篇　從零開始，裂變賦能，我的玩法我做主！

大的規模，並且有更快速的裂變速度，並使數據獲得爆炸式成長。同其他行銷手段相比而言，裂變行銷的成本更低，並且有著非常持久的效果。

就我們所處的時代來看，裂變行銷在網路平臺上很常見，其具體形態不一而足，其核心在於抓住使用者的實際心理，抓住使用者的眼球，從而獲得極其廣泛的使用者群體。其主要的裂變管道是網路社交平臺。就拿LINE來說，LINE有著非常龐大的使用者群體，以及廣泛的社交人脈。商家能夠藉此對差異化的流程進行設計，採用不同方式拉取新的使用者，留存原有的使用者。在具體操作裂變行銷的時候，一定要從使用者的需求出發，去對相應的內容進行設計。

第一是可以採用利益吸引手段，也就是透過顯著的利益分享，去吸引和留住使用者。採用這樣的方式，通常是藉助於補貼、免費等形式。透過分享或者是邀請，使用者可以獲得利益。對於商家來說，可以獲得相應的裂變使用者。如外送平臺就非常擅長運用這一方式，並且有各式各樣的方法。例如，一開始進入市場的時候，外送平臺會補貼給使用者現金。此外，在使用者每次點外送操作之前，可以打開或是分享紅包，從而在下訂單的時候，能夠將部分支出抵消掉。一開始，使用者獲得了非常多的補貼。不過，隨著平臺使用度一步步獲得提升，

第十二章　智慧裂變：AI 賦能的成交革命

補貼的強度逐漸小了。這時人們的使用習慣已經被養成了，培養了黏著度，給平臺帶來了巨大收益。除了直接進行補貼和發放紅包之外，還可以藉助組團、合作開發等方式。

這不僅滿足了消費者的消費需要，也使其社交功用獲得落實。

第二是可以採用社交滿足手段、社交裂變行銷。利用人們在消費過程中存在的跟風、愛炫耀的心理，對行銷進行設計，往往會獲得事半功倍的效果。通訊軟體如 LINE 就很擅長製作心理測驗之類的小遊戲，人們對自我有著極其強烈的探索和表達欲望，所以很多人願意花幾分鐘去做相應的選擇題目，獲得的結果可以在各種社交平臺進行分享和比較。當別人看到之後，也會出於同樣的心理進行分享。

所以，合理化設計就是要緊緊抓住目標受眾的心理，根據他們的內心需要進行合理設計，才能夠將裂變擴展開來。這帶來的，不僅僅是使用者群體，更是數不盡的財富。

模式裂變篇　從零開始，裂變賦能，我的玩法我做主！

團隊裂變篇

誰來賣？

資源整合，打造最強戰鬥力！

團隊裂變篇　誰來賣？資源整合，打造最強戰鬥力！

　　流量變銷量，銷量無限量。每個人就是一個流量，而每一次交易，就是以此標準的流量互動。這個互動是需要裂變的，也是要可控的，在這個網人、增粉、賺利潤的過程中，團隊合作功不可沒。世界在創新中整合，團隊在優化中發展，核心的戰鬥力，充足的驅動力，高效的品牌力，超強的行銷力，每一個流程，每一個細節，對於新時代的企業都是一個全新的考驗。天下本沒有難做的生意，就看你軍中有幾位良將？從這個角度而言，團隊的綜合實力，才是企業的核心競爭力。

第十三章
創新團隊管理：
人才是企業最強引擎

創業型員工：最佳莊家如何打造

　　有人說：這個世界上你找一個給錢才工作的員工確實不難，但是他們的工作狀態始終是沒有熱情的，但是當你賦予每一個人創業的理想，告訴他們現在的打拚就是在為他們自己而奮鬥，那對於他們而言，幹勁肯定就不一樣了。每個人都有自己的理想，而做企業最重要的核心就是經營所有人的理想。當你將所有人的理想聚集在一起的時候，你就會發現其實對於每一個人來說，眼前的薪水雖然很重要，但它並不是最重要的，如圖 13-1 所示。

團隊裂變篇　誰來賣？資源整合，打造最強戰鬥力！

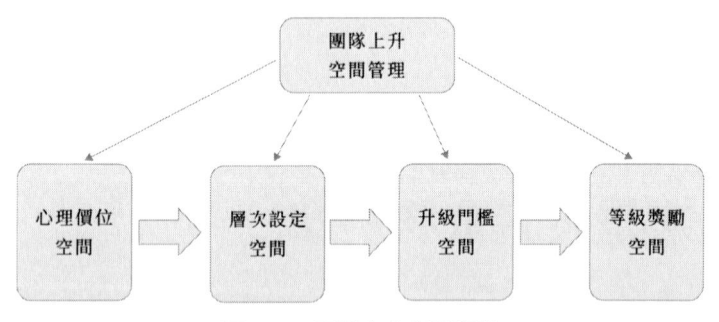

```
                    團隊上升
                    空間管理
        ┌──────┬──────┴──────┬──────┐
        ↓      ↓             ↓      ↓
     心理價位  層次設定      升級門檻  等級獎勵
      空間  →  空間    →     空間  →  空間
```

圖 13-1　團隊上升空間管理

其實就裂變效應而言，中流砥柱就在於我們身邊的團隊。一旦團隊心中有理想、有事業，團隊精神有凝聚，那麼後續即便遇到再多的問題和困難，也一定可以迎刃而解。說到這裡，我想到了團隊內部「裂變聯盟」機制的問題。

所謂裂變聯盟，指的是一個基於平臺創業的資源置換、智慧共享及學習共創的團隊社群。為的就是支持聯盟企業管理創新和組織變革，協助聯盟團隊進一步完成創業「裂變」孵化，並向平臺化組織發展。裂變聯盟以「裂變創業理論」為落腳點，在創新實踐過程中積澱智慧，在組織管理中博眾之長，不斷豐富組織創新變革的路徑和方法。裂變聯盟團隊作為平臺營運的主題，為企業提供服務諮詢，支持聯盟企業新項目裂變落實的同時，會以一定比例選擇性參與新項目的投入，真正意義上地成為思想和利益聯盟的共同體。那麼究竟其中有什麼與其他企業大不相同的內容呢？

第十三章　創新團隊管理：人才是企業最強引擎

■ 經營第一步：創業大賽專案選拔

顧名思義，所謂創業大賽說的就是要選拔出足夠有實力的創業人才。參賽的人員人人平等，整個企業上下沒有任何資格和資歷的要求。大家可以自己組建團隊進行參賽，公司可以提供最為專業的創業培訓和創業輔導。參選人及參選團隊，要申請個人投資的額度，參與競選總經理的人首期投資可以在10%以上，不投資就不能參與比賽。

在公司工作三年以上的員工可以針對他們的業績進行投票，而且每人只能投一票。根據職位高低大家可以設定每個人的投資額上限，絕對不能超過限度投資。除此之外，公司主管和員工可以用金額投票，想投哪個團隊就寫在自己的投資金額上。如果不按照承諾的額度投資的話，就按照其上一年年收入的20%進行處罰。

老實說這個規定真的特別棒，它既解決了很多人的問題，避免了賄選和拉票的現象，還實現了自動監控，有效選拔優秀人才與團隊，留住公司核心人員，打破論資排輩的現象。因為這一切都是與資金掛鉤的，所以每個人在選舉的時候都會特別謹慎。畢竟從金錢預算上來講，拿自己的錢開玩笑，實在不是什麼明智之舉。最終經過激烈角逐，獲得投資額最大的團隊或個人會快速勝出，如果投資超額的話，就會按照比例打一個折

團隊裂變篇　誰來賣？資源整合,打造最強戰鬥力！

扣,而獲勝的一方,可以自己組建專案事業部,啟動屬於自己的創業計畫。

■ 經營第二步:裂變新公司

對於一個富有創業潛質的專案事業部而言,啟動自己的創業計畫是整個公司都會全力支持的大事。如果時機成熟,就可以裂變出新的公司,但前提是,有信心在銷售業績上突破 1 億元。那麼公司是怎樣支持這樣強大的裂變計畫的呢？母公司持股 50%,總經理持股 10%,創業團隊的其他成員持股 15%,母公司高管及其他員工持股 25%。這些股東們按照自己的持股比例,投資新裂變公司。根據本年度業績／上一年度業績,對應賠率在 1:1 以上就可以分紅。具體的分配方法是:50% 的稅後利潤按照股權結構強制進行分紅,30% 的稅後利潤留存於公司,保證有發展資金,20% 的稅後利潤創業團隊優先分紅。這樣一來,創業團隊可以享有 40% 的紅利,其中總經理個人用 10% 的投入獲得 16% 的收益,母公司享有 40% 的收益,跟投人員享有 20% 的收益。

■ 經營第三步:建立合理化的退出機制

從 2014 年,芬尼克茲及相關子公司的總經理(包括創始人本人)都是採取任期制。總經理任期為五年一屆,所有的總經

第十三章　創新團隊管理：人才是企業最強引擎

理都是透過競選的方式產生的，最多連任一屆。也就是說，每個子公司總經理最多連續擔任 10 年，離任以後，便可以參與其他關聯公司管理層的競選。

幾名母公司的股東組成彈劾委員會，如果管理團隊第一年完不成任務，則警告一次；如果連續兩年完不成任務，可申請彈劾總經理。

這樣一來，一切都以利潤共享為原則，不會面臨專業經理人待遇制定等一系列的尷尬問題。管理層與企業擁有者的利益有了高度統一，內耗也相對減少了。創業團隊會絞盡腦汁讓自己有限的資金獲得最大的股權比例，從而降低了投資總額，也進一步降低了整個項目的風險，可謂在獲得裂變的同時一舉多得。

由此看來，如何讓員工成為老闆，方式是多元化的。要想讓公司的財富產生裂變，除了發揮員工的作用外，更重要的就是讓他們在工作過程中，每天都能看到自己的前景和希望。創業這件事毫無疑問，除了自我提升鍛鍊以外，更重要的是能夠讓員工全方位提升自我價值。

將員工變成老闆或者說合夥人這樣一種管理和組織模式的變革，無疑是一種重大的進步，因為能更好地實現利益共享、風險共擔。要想將企業做大做強，就要讓員工找到做莊家的感

覺。適度放權，將資本交到有能力的員工和團隊手中。這樣一來，不但能夠大大提升他們的積極性，還可以讓企業在裂變營運的過程中獲得更大的收益。這是一個智慧開啟的過程，也是一個資源整合的過程。至此，企業的核心目的不再是經營產品，而是營運企業員工團隊的理想。換句話說，把理想營運到了極致，有了這個契機，還會發愁業績嗎？

高效團隊：策略與執行力的全面提升

奇異公司總裁傑克‧威爾許曾經說過這樣一句話：「你可以拒絕學習，但是你的競爭對手不會，在現在這個瞬息萬變的網路時代，一個企業成長的速度與其人才的培養速度，幾乎都是成正比的。」對於企業經營而言，團隊的裂變模式是非常重要的，它並不在於融合資金或其他資源，而在於讓團隊產生進一步的裂變，讓每一位員工都能夠主動地參與企業發展，並且最大限度地發揮自我價值，找到屬於自己的人生意義。

企業面臨的諸多問題，說到底其實就是人的問題。例如，人才短缺、人才儲備、梯隊養成、人才培養……等等。要想解決這些問題，最好的方法就是形成團隊裂變、小組裂變，從而

第十三章　創新團隊管理：人才是企業最強引擎

將領導者從日常經營管理中解放出來，從一個企業的管理者向真正的操盤手轉化。

那麼問題的根源在哪裡呢？我們究竟應該如何解決呢？

■ 第一，培養對象選錯了

對於培養對象選錯了這個問題，我們首先要發現其中的核心癥結，看一下自己的團隊核心人物，到底哪裡出現了問題。有很多企業都犯了這樣一個錯誤，那就是自己在選擇團隊核心人物的時候，用錯了對象。你培養的人選錯了，還能指望有什麼更好的結果嗎？招代理也要看人，不能單單只為了湊數就去招募團隊主管。

就用人這件事來說，有的人培養半天也只能是個普通員工，有些人你用盡心力即便開竅也不會是一個成功創業者。所以，作為企業，一定要掌握好自己的面試和考察環節，設立自己的代理門檻，篩掉那些不上心的消極分子，把精力全部放在那些最可能出成績的人身上。

■ 第二，團隊隊長不會教下屬

出現這個問題的原因，主要有以下兩點。

一是，這個團隊隊長自己根本不上心，也不負責任。對於團隊而言，隊長就是一棵大樹的樹幹，這個樹幹乾枯了，整個

團隊裂變篇　誰來賣？資源整合，打造最強戰鬥力！

團隊也就散架了。其他的樹枝自然而然地從它這裡吸收不到能量和養分了。

二是，這個團隊隊長能力很強，做銷售是一把好手，招商也是相當棒，但他就是不知道怎樣把自己的能力複製給別人。其實很多人員加入團隊，都是很有針對性的，他們首先對團隊的能力是認同的。平臺是認同的，而從需求來講，他是渴望源源不斷地從這個大家庭裡獲得更多的知識願景和希望的，這些內容都是在別人那裡學不到的，也是整個團隊的靈魂競爭力所在。

如果這個時候，團隊的隊長不知道怎樣將自己的能力複製與傳授，那結果肯定會造成人員的流失。從客觀角度來講，並不是這個團長的能力不行，而是他不會培育。那我們該怎麼解決呢？作為企業，需要給他提供一套人才培養系統，同時要對所有的隊長定期進行相應的培訓，告訴他們如何更好地裂變團隊、經營團隊。

企業要把複製卓越人才的能力，去流程化，更體系化地給到團隊隊長，讓自己的每一個團隊隊長都能做好這些內訓功課。我們必須把最簡單最清晰的內容方案給到每個團隊成員，讓他們能夠有效率地對一切進行輕鬆複製和執行，即便是對這項技能算不上熟練，但操作起來也要比毫無思路來得更加簡單

第十三章　創新團隊管理：人才是企業最強引擎

易行。從這個角度來說，要想讓團隊把工作做好，企業的監督少不了。監督到位，輔導到位，強化到位，後續的裂變和擴充財富的策略才能到位。否則，一旦企業在這方面疏忽大意，即便是隊長看起來再能征善戰，稍微一不小心，說不定就會給整個企業帶來很嚴重的損失。

■ 第三，培訓不系統

很多團隊之所以最後分崩離析，主要原因是團隊成員覺得在這裡待著沒意思，根本學不到什麼東西。如果企業能夠從一開始就教這些人該怎麼運作手頭的工作，他們也許就會將手頭的事情做得很完美。

所以，從這個角度來說，有培訓系統，有專門的培訓課程，有相應的監督體系、執行體系、落實體系，才能真正意義上讓手中的團隊保持在穩定發展的狀態之中。

當然，我們也別想著有培訓以後就可以萬事大吉了，光講課沒用，關鍵是要理論結合實踐。培訓需要改良重組，需要具有可執行的實踐性，而且必須學以致用。這樣培訓的核心價值才能體現出來。這裡需要著重強調的是，培訓必須要有一定的價值，換句話說是需要收費的，這樣才能體現出培訓的分量感和價值感，畢竟願意掏錢來上的課都是有些東西可以學的。

■ 第四，操作缺流程

現在很多企業在運作團隊的時候，沒有一套標準的操作流程、有些有了，但沒有持續更新和優化，所以經常出現團隊隊長把眼前的事做完了，覺得就算大功告成了，而員工絲毫沒有開拓精神，更沒有進一步的學習精神。

對於一個企業來說，真正健康的團隊是需要靈魂的。靈魂就是知道自己想要什麼，知道自己該做什麼，至少每個人心中要有一個大概的流程，事後要學會及時覆盤，知道哪一點是可以改善的，哪些流程是需要深掘的。這樣才能讓結果一次比一次更好，效果也會更顯著。

這就需要團隊中的所有人都能有針對性地去做這些事情。很多人說，我的團隊裂變不了，發展不了，招商速度實在太慢了。究竟是什麼原因造成的？原因是你根本沒有把心放在培養人身上。

這個時候，要想讓團隊快速地裂變規模，那就一定要有一套完善的系統操作流程。這套流程能夠讓我們快速得到發展。

■ 第五，團隊缺文化

對於企業來說，不論是小團隊還是大團隊，都需要有一套完備的經營策略和文化策略。小團隊的管理靠的是人情，中型

第十三章　創新團隊管理：人才是企業最強引擎

團隊的管理靠的是體制，大團隊管理就需要靈魂了，而這個靈魂就是文化。文化就是價值觀，如果文化不統一，價值觀就不統一。要讓所有人跟著自己一起奮鬥，就要發揮模範領袖的價值。

有些隊長和我聊天的時候說，有的時候感覺人挺多的，但用的時候就感覺沒人，團隊裡的任行動起來也是一盤散沙，感覺怎麼也擰不成一股繩。那究竟該怎麼辦呢？

對於企業而言，當團隊越來越壯大時，他所承擔的使命和責任就不只是利潤把控那麼簡單了。相比於管理機構而言，他與團隊人員的關係更像是一個服務機構，儘管他手中掌握著相應的權力，但這並不影響他透過服務的方式更好地營運團隊成員的創新精神、創造精神、理想願景和行動的能量場。換句話說，如果企業能夠把這份能量守護好，自己就會不斷吸引到頂級人才。一個有人才的企業的營運一定是充滿生機和活力的，因為秉持著對每個團隊人員負責的使命，在帶動他們擁有美好未來的同時，也會因此贏得更多的收穫。除了紅利以外，從更長遠發展的角度，把人用好，矩陣裂變才能真正發揮作用。

團隊裂變篇　誰來賣？資源整合，打造最強戰鬥力！

知人善任，策略與執行力的角逐和比拚

很多人說團隊裂變是講策略的，倘若此時，你不能把所有人的欲望與自己的策略連線在一起，不能將所要兌現的承諾完美兌現的話，所謂的裂變，以及後續裂變所產生的一系列鉅變都將隨著規劃和執行的不完善而化為泡影。

其實在現代社會，企業經營者多半可以成為一個合格的策略家，卻從某種程度上說算不上一個優秀的執行者。所謂思想的巨人，行動的侏儒，想做的事情太多，以至於所有的問題都成了日後解決問題的牽絆。對於一個不斷裂變的團隊而言，一流的執行力將意味著它具備一個無形的強大的營運系統，所有系統的承諾都會得到及時的兌現，所有系統中成員的利益也都會得到最大限度的保障。只有如此，地基才不會成為上層建築的障礙，地基才能愈發堅固平穩，決策和執行才會得以有效落實。由此一場用人的戰役，便吹響了號角。決策者的知人善任將在其中發揮相當重要的作用，將最合適的人安排在最適合的職位，既給予舞臺又不至於因此遭遇風險。所謂人盡其才，物盡其用，自己的夢想才得以成為所有人的夢想，有了利益連線，後續的一切就會跟著推進。

第十三章　創新團隊管理：人才是企業最強引擎

那麼什麼才是切實有效的決策和執行呢？讓我們以用人為例，來好好探索一下這個問題。

■ 第一，找同路人

團隊裡的人很多，但真正懂自己的卻如鳳毛麟角，能夠領會自己意思的人更是少之又少，結果不合適的人在不合適的職位上翻了車，想法很豐滿，卻不得不面對現實的骨感。這是很多企業管理者在用人方面遇到的最糟心的事。也許這時你會說，人才是需要培養的，但現實會告訴你，想要改變一個人是多麼困難，即便是傾盡了所有，等你把他培養好的時候，就會發現所要花費的成本與他所能給自己帶來的價值是不成正比的。

■ 第二，挖掘人才

很多企業老闆覺得，如果自己培養一個人才太費力那就乾脆去挖吧，但是人才哪有那麼好挖呢。即便有高額的收入，良好的福利，如果不能與自己的夢想掛鉤，又有幾個願意跟你一起做呢。這時候最考驗的就是企業主管的格局，如果你只把他當僱員，那麼你們的交流就只在公共關係裡。如果你把他當成是成就事業的合夥人，那麼毫無疑問，你就有資格和他一起談理想了。此時真正集策略者和執行者為一身的老闆，會從扶持的角度去鼓勵對方自主創業，並告訴他：「不用擔心，用你

團隊裂變篇　誰來賣？資源整合，打造最強戰鬥力！

的能力和智慧做就行，虧了算我的，賺了你拿走51%，剩下的49%是我的。」如此一來，有如天上掉下一個餡餅，一不留神落到了一個有夢想的人身上。資金解決了，能力也不是問題，不跟著你做，還會有更好的選擇嗎？如此一來，你便與人才有了全新的合作關係，同時又有彼此的利益連線。既可以獨立，又保持著統一，這種自在和諧的狀態是大多數人才難以拒絕的。

■ 第三，機制化培養體系

經歷了人才的選拔，或許當下你手裡的每一個人都很厲害，但是要想將他們緊密地團結在一起，不至於分崩離析，就需要有一套完備的、多元的合夥人機制。管理有統一的章程，競爭也有競爭的法則，每個人都有屬於自己的合法利益。

舉個例子來說，同樣是按件計酬加保底薪資，那麼完成了越多的產量就意味著能夠擁有越多的收入，但僅僅只有這一點還不夠，最重要的是能夠讓所有人在踏實的同時，源源不斷地湧現出工作的積極性。那麼最核心的要務就是穩定他們的情緒，不管你未來的業績怎樣，至少前三個月你是有保底薪資的。不管你賺得到還是賺不到，這些錢都是屬於你的。這樣一來保底與計件並駕齊驅，員工的積極性有了可靠的保障。這時候再系統地在計件問題上進行改良設計，不同級別的計件，有

第十三章　創新團隊管理：人才是企業最強引擎

不同等級的標準。我們可以將他們分別看作 ABCD 四個不同等級的任務。在完成任務的過程中，一個差評就扣 1 分，一個好評就加 1 分，不好不壞不計分。員工可以知道，自己真正賺到的手的錢到底有多少。同樣的工作，別人掙比你掙賺得多，因為人家等級就是比你高，比你更專業，考核通過就是他們的底氣。這一切讓他們的心中產生了迫切感，驅使他們朝著下一個晉升的標的不斷前進。這是一套切實有效的策略執行系統，每個成員都清楚地知道自己在做什麼，想要什麼，應該朝著哪個方向去努力。於是，他們將自己的晉級計畫落實在了生命的每一天。

　　一個成功企業者裂變的最重要核心就是所追逐的一切，就是和盟友們共同追求的。你的路就是他們的路，你的理想就是他們的理想，你的利益就是他們的利益，你的未來也承載著他們的未來。這裡面始終都是與每一個人的個人利益和成長掛鉤的，你始終是夢想的領跑者，大家會不自覺地朝你所引領的方向前進，因為他們知道唯有如此，才有可能遇到更美好的未來。當所有的裂變在源源不斷地發揮效應的時候，你將會是獲得最豐厚回報的那一個。雖然對於每個人來說，你所能分到的，永遠是最少的那部分，但一旦這種裂變開始不斷氾濫，所有的少數便會凝聚成多數。你會成為那個開闢道路的人，而後續的裂變大軍，將會順勢將小路開拓成陽光大道。原因很簡

團隊裂變篇　誰來賣？資源整合，打造最強戰鬥力！

單，在方向明確的前提下，即便是再難的窘境，只要邁開了第一步，終將勢如破竹。所謂策略和執行力的完美結合，落款在這裡應該算是最精采的一筆。

第十四章
創始人法寶：
治理團隊的關鍵技巧

股權管理：應對不稱職股東的解法

在很多人看來，合夥人就像是自己在企業中的人生伴侶，秉持著共同的理想和目標，本該攜手走上很長遠的一段規劃。但如果人家的態度跟你並不一樣，就很可能在經營的過程中出現「內傷」，不但自己會遭受損失，就連企業本身都可能引發生存問題。如果發生了上述情況，身為股東和創始人的你又該怎麼辦呢？眼看企業陷入頹勢，如果這時候不理智地撕破臉，肯定會帶來更大的損失。因此即便是要一拍兩散，也要把相關情況和問題說清楚，並最好能白紙黑字地說清楚。那麼對此，我們又該做些什麼呢？

團隊裂變篇　誰來賣？資源整合，打造最強戰鬥力！

■ 第一，合夥人之間必須及時溝通

如果你覺得合夥人表現一般，那你就要知道，但凡是出現這樣的事情，都是有原因的。身為他的合夥人，你首先要搞清楚事情的端倪，那就是他為什麼不好好做，是天生的懶惰，還是因為一些情緒問題故意消極怠工？找到癥結所在之後，就應與合夥人好好溝通。

其實，很多合夥人之間剛合作時，並沒有太大的矛盾，後來由於缺乏溝通，才導致問題和矛盾越積越多。所以與其到最後難以收場，不如提前亮明自己的態度和原則，免得彼此形成更大的誤會。

■ 第二，合夥人之間要明確職責和義務

之前和一個企業老闆交流，當時他指著對面的辦公桌說：「你看看那邊坐的那位，身分是我的合夥人，可人家的生活跟我完全不一樣，每天不過是打打電話，看看報紙。而我每天有看不完的文件，你看這裡還有這麼多合約等著我簽署呢！」言辭中有著滿滿的憤怒和委屈。於是我問他：「那公司的規章制度對這個問題是怎麼界定的？你和他的責任和義務劃分清楚了沒有？」他聽了先是一愣，然後說：「規章制度是規範下面員工的，我們是好兄弟，共患難走過來的，這感情還需要制度？」

第十四章　創始人法寶：治理團隊的關鍵技巧

其實，提前進行明確的職責劃分，積極調動合夥人的主觀能動性，上述情況就有可能避免。或者說，明確的考核標準和獎懲制度，往往是有效杜絕合夥人推責的法寶。如果合夥人能力有缺陷，那只要是完不成業績就應當要接受相應的懲罰，在明確的制度面前，如果合夥人敷衍搪塞，就必須付出相應代價。

誠然，如果合夥人能夠把相應的工作做得特別好，就應當得到相應的獎勵。這樣獎罰分明的制度就是把問題拋給合夥人，你做與不做，制度都在那裡。現實情況往往是，當雙方的職責得以明確，就能更有效地調動合夥人的主觀能動性。從這一點來說，明確的考核標準和獎懲制度也是杜絕合夥人不盡責的法寶。

試想一切用制度說話以後，誰做了些什麼，該做什麼，就一目了然了，制度完善之後，願不願意做好，從來都不是別人的事，而是自己的事。

好的合夥人並不是天生的，只有經過不斷磨合才能產生更默契的合作關係。對於繁雜的工作，明確的分工同樣是很重要的，而面對後續的工作壓力和難度，每個人都會出現不良的情緒反應，這也正常不過。如果有一天你發現你的合夥人開始消極懈怠，先不要忙著指責，而是要嘗試著了解一下他現在面臨的問題，幫助他克服消極情緒，這不僅是對他負責，也是對整

個公司負責。畢竟決定一起創業，還是要秉持著以和為貴的原則，做生意如此，做人更是如此。遇到合夥人不好好履行職務的情況，如果事情還沒有發展到非散不可的地步，最好的解決方法還是彼此包容並且及早採取措施。規章制度能夠約束合夥人的行為，但制度是死的人是活的，制度講的是原則，而人也不能失去了感情。如果合夥人能夠求大同存小異，為了彼此共同的事業傾力打拚，就完全可以把矛盾扼殺在萌芽狀態，詳圖14-1。

分了股份，股東不勝任，怎麼預防？

第一，先代持股份	分批分次的給，時間、業績達到了再給
第二，簽競業禁止條款	離職三年內做相同行業，獲利一半給自己
第三，簽離職退股協議	離職退股協議提前簽好，離職時退股協議生效
第四，先給「乾」再轉「實」	拿不準的人，先給乾股分紅，再轉實股
第五，其他退出機制	協議約定達到什麼狀況直接退出，如業績

圖 14-1　風險規避措施

第十四章 創始人法寶：治理團隊的關鍵技巧

■ 第三，採取有效的風險規避措施

1. 先代持股份

對於股權這件事，我們不要魯莽行事。與其與對方掏心掏肺，不如保留主動權。對於股權這件事，完全可以分批次給，劃定好時間，如果對方能夠在約定的時間順利完成業績，真正意義上證明了自己的實力，那麼到時候再發放一部分股權也不遲。

2. 簽競業禁止條款

對於那些想要離職的股東，我們可以在協議上提前約定，如果對方在離職三年內，做了同行業的事，那麼其所拿到的薪資、獲利的一半歸自己，剩下的原來公司股東大會有最終解釋權。這樣一來，便可以很好地將主動權控制在自己手裡，既預防了股權流失、內部消息暴露，又有效地維護了企業股東大會所有人的合法權益。

3. 簽離職值退股協議

對於那些想要離開的股東，我們可以提前簽訂離職退股協議，約定對方在離職的時候必須將手裡的股權轉讓給其他股東，只要這份協議簽訂，便立刻擁有法律效力，這樣一來便可以有效地約束股東。即便是對方真的有離職的打算，在權衡利弊以後，心中自然明白得失，這樣不但有利於對股東的管理，更有利於企業規避多方面的損失，也有一舉多得的助力。

4. 先給「乾」再轉「實」

對於自己還無法掌握的人，我們可以先給予「乾股」，即互相協議在公司獲利時對方可以獲得分紅，但公司損失的時候對方不需要為此負責，等到彼此合作有一定的基礎，加上對方也透過各個層面的努力使公司獲利後，並培養出一定的團隊默契後，可以進一步協議將他的股份轉為實股，成為正式股東，彼此共同為公司的營運負責，這樣可以規避一開始即拿實股，成為股東，卻躺平不願為公司打拼的不利狀況。

5. 其他退出機制

對於某些公司，只要達到一定的業績或專案完成以後，股東的利潤分紅便能直接兌現。這時候，就需要提前把協議制好，約定雖然現在大家都參股，但在何種情形下，採取怎樣的行動，便被視為自動退出。比如連續幾個月業績不達標，便視作是直接退出股份，不再享有任何的股東權利。

看到這裡，想必有些朋友會眼前一亮，想不到合夥人問題這麼輕鬆就解決了。人生就是一個未雨綢繆的過程，而企業的經營也需要提前進行規劃，對於合夥人的獎懲機制，需要提前研製，這樣企業才能有效地發展推進，而每個人拿到屬於自己的紅利時也會心安理得，那些因為分割不均衡的負面情緒，也就自然而然地隨風消散了。

第十四章　創始人法寶：治理團隊的關鍵技巧

合夥人機制：建立完美的合作框架

從根本上來說，友誼是建立在共同信任之上的，白手起家的時候，大家同甘苦，但真的成功了，未必能共福樂，這也就是當下眾多合夥人從如膠似漆走到分道揚鑣的主要原因。從本質來說，核心就是利益分配，兌現不了利益，或利益分配出了問題，都可能導致關係的分崩離析。

那麼怎樣選擇自己最理想的合夥人呢？

■ 第一，自身具備獨當一面的能力

合夥人所謂合夥，就是一起攜手努力打拚事業，組成一個完整統一的利益共同體。而這個共同體中，每個人所肩負的使命和責任都是不一樣的，但這並不影響每個人在利益面前的重要分量，這意味著所有的合夥人都必須為了企業的共同利益而努力，在不同的職責範圍內盡其所能。這裡面牽涉到權利，牽涉到責任，牽涉到執行，牽涉到多方面的驅動和決策力，每個合夥人都應當在自己的分工範圍內具有獨當一面的能力，既不讓其他合夥人分心，也不影響到彼此共同的核心利益，這樣體系才會有條不紊地經營下去，逐漸形成最佳的運作模式，而這或許就是企業合夥人最直能直接感受到的價值意義所在。

團隊裂變篇　誰來賣？資源整合，打造最強戰鬥力！

■ 第二，合夥人不能有第二產業

事業是一條統一戰線，因為方向明確，所以不允許任何人在此時產生第二產業。原因很簡單，當一個人在私下產生第二產業的時候，他的精力會不夠專注，會影響到他對於共同事業的發展。試想，如果一個是共有的，一個是自己的，自然是自己的孩子最重要。如果要在犧牲共有機制和犧牲私人利益之間做選擇，恐怕很多人都不會隨隨便便選擇後者。此外，對於合夥人機制下的其他成員來說，上述做法自然是很不公平的。

■ 第三，時間因素

合夥人合拍不合拍，自己說了不算，時間是最好的見證。這種感覺就跟談戀愛一樣，陌生的兩個人走到一起，經歷時間的考驗和磨合，對彼此有了進一步的了解，才有可能一起結婚過生活，如果沒有一起共過事，就不會對彼此的能力和才華產生了解，也不可能對後續的合作產生自信，這裡面所要經歷的考驗有很多，從能力到原則，從思想到行動，從邏輯到道德水準，一系列的內容，都會在時間的見證下越來越清晰。

說完了合夥人的選擇問題，下面就讓我們來了解一下合夥人機制的不同模式，人們常說：「同一事物，格局不同，看到的世界也不同。」就機制模式而言，每一個機制裡都有屬於自己的世界，而相互之間，又是彼此連結的，這種微妙的關係，

第十四章　創始人法寶：治理團隊的關鍵技巧

建構了極致的利益體系和架構，也是合夥人機制得以延續的命脈所在！那麼合夥人機制裡都執行著怎樣的模式呢？我們可以將其大概分為三類。

■ 第一類，公司制的合夥人（股權控制型）

在這個範疇之內，最為核心的關鍵是，對整個公司來講，除了核心激勵以外，還要實現有控制性的管理措施。也就是說，除了進行有效的激勵以外，我們還要掌握公司的有效控制權，要麼是控制其上市，要麼就要實現其權益的平移。也就是說我可以把股權分配給你，但是就核心的控制權而言，始終是牢牢掌握在我手中的，這一點一定要提前在股權合約協議上予以體現，這樣才能更有效地保障企業成員的切身利益。

■ 第二類，聯合創業模式（平臺型）

當合夥人越來越多，就需要建立一個平臺。尤其是企業有了分公司、子公司以後，大量的新業務不斷出現，就需要在原有的業務體系上，孵化與新業務相對應的模式。如此，在進行利益分配的時候才不會造成混亂，這意味著我們可以將決策公司與股權公司有效分開，股權公司只負責分配股權，對分配的股權進行系統管理，而負責決策的公司，始終都在單獨執行，從來不會受到任何股權合夥人的威脅和影響。這種有效的管理

團隊裂變篇　誰來賣？資源整合，打造最強戰鬥力！

措施能夠增進合夥人聯合創業平臺的改良和整合，在平衡權力的同時，採取制衡的方式和策略，促進公司始終都在良性條件下持續發展和執行。

■ 第三類，泛合夥人模式

當公司在所謂的股權激勵之外又加入了新合夥人，或者是增加了一些類似於合夥人機制的激勵，這就是泛合夥人的機制。比如說，根據企業集團公開的招股說明書，我們可以將重要的投資人和自己聯合成為永久性的合夥人，而其他的合夥人則可以被視為次要合夥人。

其次，公司進行合夥人機制設計需要注意以下三個關鍵方面：

■ 第一，明確公司實施合夥人機制的目的

在陳述這個內容的時候，我們可以看一下稻盛和夫「阿米巴經營」理念的核心案例，這個案例被譽為「京資經營成功的兩大支柱之一」，「阿米巴經營」法則就是對自己的每一個部門進行精緻的獨立核算管理措施，將企業劃分為「小集體」，就像自由自在進行細胞分裂的「阿米巴」，以各個「阿米巴」為核心，自行制定計畫、獨立進行相應的核算。這樣非常有利於企業持續自主地良性發展，讓每一個員工都成為企業經營中的主角。這樣一來，「全員就可以參與經營」打造熱情四射的完美團

第十四章　創始人法寶：治理團隊的關鍵技巧

體。最終方能依靠全員智慧和努力，完成企業經營的目標，最大限度地實現企業的飛速發展。

■ 第二，明確合夥人與公司的權責邊界

對於這件事，我們可以借鑑相應的管理工具，在內部實現模擬型結算。這樣從表面來看，並沒有從本質上改變員工與組織的合作關係，但合夥人與公司則是互利雙贏的合作關係，雙方風險共同承擔，利益共同分享，這樣的機制設計可以有效地明確合夥人的能力要求以及經營許可權標準。從一般來說，合夥人獨立承擔與業務相對應的各個模組，背負業績指標與市場壓力，而平臺的主要任務就是提供輔助性的支持功能，給予合夥人規範化的指導與扶持。

■ 第三，設計與權責匹配的分配機制

根據權責對等的原則，我們可以在明確權責的基礎上，建立有效的合夥人分權機制，這樣可以更好地明確合夥人的利益分配，充分調動各級合夥人的積極性，進而提升公司整體的業務績效。那麼究竟應該怎麼做呢？

首先進行業務鏈的有效梳理：沿著業務鏈梳理公司各個業務流程，挖掘業務開展的具體資訊，包括收集市場資訊、開拓市場、發展業務等。梳理清楚之後，就進入了公司財務狀況的

團隊裂變篇　誰來賣？資源整合，打造最強戰鬥力！

　　詳細核算階段，對於最終的財務報表，企業可以進行系統分析並精準地寫明現業務的收入、成本費用等一系列的項目。我們可以透過平臺系統，明確各業務回款的週期，計算各業務的利潤率，將此用於後期的分利測算。

　　合夥人作為獨立的業務單元，可以有效地進行獨立核算。這就需要總部平臺發揮出決定性的作用，它可以向合夥人提供品牌、管理、資金、財務、人力等方面的協助，並收取平臺管理的費用。合夥人根據自己對企業作出的貢獻和職責，分享市場開發推廣所帶來的收益，合夥人與公司進行利潤分配的比例，一般可以被設定為在保證公司合理盈利水準基礎上進行一定程度的分配，兩者共同分享專案利潤，同時內部可設定跟投制度，用股權激勵制度實現合夥人的利益捆綁與激勵。

　　其實就管理角度來說，在一般情況下，如果問題不算嚴重，老闆都可以睜一隻眼閉一隻眼，但如果在公司內部沒有一個系統的管理機制，就很容易破壞企業的文化。一旦企業內部股權人、合夥人之間出現問題和變動，老闆想要「開除」股東，解除其與公司的關係，就有可能因為機制和當初的合約協議不明確，出現各式各樣的衝突和問題。

　　比如，按照常見的，如果你的合夥人是登記的股東，如果此時他不同意，就沒有辦法開除他，這樣一來，就會出現雖然

第十四章　創始人法寶：治理團隊的關鍵技巧

合夥人被「開除」了，但是他的股份還得被保留，這樣有可能讓他躺賺，讓所有企業的在職人員都為他工作。這也是很多老闆不願看到的事。那麼怎麼解決這個問題呢？

■ 第一，公司章程要提前設定有關股東除名的約定情形

比如我們可以在公司章程中提前約定，如果股東退休，離開工作職位，可以看作是自動離職，或者具有其他特殊的情況離開公司，那麼就視其將全部股份轉讓給公司股東，而其中無受讓人的由全體股東認購等類似的規定。

■ 第二，企業需要提前設定有限公司的公司章程

有限公司和股份有限公司是公司法規定的兩種重點類型，在一些高新技術企業或者是一些其他類型的中小型企業裡面，有限公司的股東經常是以志同道合的發展理念來共同出資籌建公司的。所以任何股東的懈怠和離開都會違反相應的義務，都有可能使公司遭受一定的損失。

因此，如果有限公司在其章程中約定：如果股東出現離職情況，與企業出現辭退除名的問題，就必須將其所出資轉給其他股東的類似內容。由於這一規定並沒有違反公司法禁止性的規定，也沒有違反誠實守信原則，所以公司章程中的除名條款是合法有效的。

團隊裂變篇　誰來賣？資源整合，打造最強戰鬥力！

股東之所以成為股東，是基於同一個公司章程的約定內容所成立的身分和地位，加入股東行列，成為企業股東大會一員的。如果股東在成為股東之前，對公司章程的除名條款不能認可，該股東可以在參與之前拒絕出資成為股東。

了解了規矩，就要按照規矩辦事，不管你是創始人，還是企業的其他股東。因為有了統一的機制，所以每個人心中都有自己的底線和原則。正是這個原因，企業的主控權才能牢牢掌握在企業手裡。合夥人雖然很重要，但企業的發展更重要。如果想用裂變效應達到更深入的產業鏈推廣，那麼對於自己的內部組織架構和合夥人管理機制而言，還是先從根本抓起，先過了這關再說吧。

創始人保障：章程中不可忽視的保護條款

我有這樣一個合作夥伴案例，明明是掌握了全公司90%的股權，竟然最終被掌握10%股權的合夥人踢出了局，主要原因就在於他們在分配股權的時候，沒有真正看清楚，股權分配條款不夠合理，所以才會在後面漏洞百出，給了對方有機可乘的縫隙。

第十四章　創始人法寶：治理團隊的關鍵技巧

其實對於企業來說，創業投資模式是一種相對特殊的企業投資模式。我們之前說了裂變的行銷模式就是會讓利，找自己的合夥人，但是倘若這個時候讓創始人的地位受到威脅，就猶如一棵大樹失去了地心引力，要想讓它更進一步發展，擁有更強大的成長空間，肯定是不可能的。所以要想解決這個問題，就要保護好創始人的利益。

從理論上講，創業投資模式不同於傳統企業模式，傳統企業模式總結為以下四點。

第一，股東因為投資而獲得股權。也就是說，你成為股東的唯一原因就在於你是公司的投資者之一。

第二，股東的身分和員工的身分是相互分離的。如果你是股東，你可以是員工也可以不是。同樣地，如果你是員工，你也可以是股東也可以不是。

第三，員工只憑藉自己的勞動，獲得勞動報酬，包括獎金和薪資等一系列的公司福利。

第四，企業成長的收益，這些內容應該怎樣歸股東所有。

因為創業投資企業的情況不一樣，所以在設定創始人保護機制的時候，所設定的內容也是各不相同的。

舉個例子來說，我有一個很好的朋友，是一個傳統企業家，同時也做投資人，當時賺了很多的錢。他曾和合夥人在 1

團隊裂變篇　誰來賣？資源整合，打造最強戰鬥力！

年中投資了 4 個專案，就在企業發展勢頭很好的時候，一個創始人突然提出了離職，而且想要帶走自己的股份。

由於起初在投資協議中設計了股權分期成熟條款，此時創始人的股權還沒有成熟，所以不能授予。但那個創始人說股權不要了，同時提出根據《勞基法》，身為員工，他享有離職的權利。

就這樣，他最終還是離開了公司。原來他在另外的城市做了一個同樣的專案。透過在之前公司任職的經驗累積，他在開闢新專案時很順利。投資人因此很生氣，幸好之前的投資協議中約定了「競業禁止」條款，我就接受投資人委託，和那個創始人就「競業禁止」條款進行溝通，限於此條款，他的新專案最終也沒做起來。由於創始人之一離職，我朋友的專案也失敗了。

由此看來，在創業模式下，創始人和投資人對公司的控制權都有很合理的訴求。創始人的訴求是：我應該是公司的主人，這是創始人的合理訴求，而投資人的訴求是，雖然公司是你的，但我的出資是最多的，所以我的權力也要得到合理的保障，而且不能失控。矛盾衝突就此展開，如果不能提前將這一切說清楚，寫在合約裡，後續一旦出現問題，就肯定不是小問題。那麼針對這些問題，究竟該怎樣有效解決呢？看看下面的建議，希望能夠對大家有所幫助：

第十四章　創始人法寶：治理團隊的關鍵技巧

■ 建議1：簽訂股東權益條款

剛開始在股東權益問題上，創始人很多是與合夥人達成的口頭協議。起初的合夥創立人，可能是你的朋友、家人和摯友。你相信他們都是自己信得過的人。隨著時間的流逝，人的記憶難免會變得模糊，而一些當時訂立的條款，也都可能被誤讀或者誤解。所以，要想保護好自己，就一定要記得將股權的權益在書面文件中寫明。

■ 建議2：不要混用資產

這是一種十分有效的保護操作，而且設定起來也十分簡單。創業初期確保有足夠的資金後，合夥人就可以去開通一個專門的商業銀行帳號，將所有的資金都存在該帳號上。記住，該帳號的錢，只能用於自己的初創企業。在創業前期，這些是最基本的企業手續，有時很容易被忘記，但千萬不要因此掉入陷阱。那麼什麼是陷阱呢？試想一下吧，如果你將資產相互混用的話，人家很有可能就會認為你的公司是一個「空頭公司」。同樣的道理，令人生疑的還有你所要擔負的有限責任。於是，你個人就很有可能面臨被起訴，這是創始人要提前想到的事情。

■ 建議3：執行好轉讓協議

如果你成立的是一家技術初創型企業，智慧財產權也許就

團隊裂變篇　誰來賣？資源整合，打造最強戰鬥力！

是你最有價值的核心資產了。因此如何保護自己的智慧財產權，就顯得異常重要了。簡而言之，就是你要將所有的東西都「過戶」給公司，同時立下書面證明。如果創始人是在公司成立前就已經發明創造出了某些東西，那麼在公司成立的時候，就一定要落實好將該發明轉讓給公司的細節條款。在公司成立以後，同時還要要求所有的創始人，必須執行相關的轉讓協議。

這時候有人會認為，如果他們給外包商或顧問，去創造一些東西，那麼物品的智慧財產權就會自動歸初創公司所有，但事實並不一定是這樣的。

此外，還有一個最重要的提醒，也是創始人在制定條款時，最容易忽視的事情，就是在建立新公司之前，如果自己還有其他的全職工作，那就一定要確保自己的初創企業的智慧財產權不要被現在的僱主所「侵占」。這聽起來是不太可能發生的事情，但是在僱用合約當中，有些條款可能含有諸如「即使是員工在非工作時間所創造出的發明，都一律先要轉讓給僱用公司」的字眼。所以這個時候，創始人先要認真通讀現有的僱用合約條款。除此之外，我們還需要留意其他合夥人的合約和文件。

■ 建議4：考慮採用股份行權計畫

建立和推廣了自己的公司以後，大家很可能會出現一派其樂無窮、奮發圖強的勃勃生機。因為所有人都懷揣著夢想。這

第十四章　創始人法寶：治理團隊的關鍵技巧

時候，幾乎不會有人主動願意去想：「要是情況發生突變，自己到底該怎麼辦呢？」但是天有不測風雲，尤其是在出現合夥人離隊的問題時，創始人之間要想對股份、期權等問題達成一致意見，就變得很不容易了。

例如，我曾經共事過的一家初創公司，雖然還沒有很多的盈利，但可以說前期的一切都是按部就班進行的。突然有一天，公司的一名合夥人因為自身的原因離開了公司，面對這樣的突變，整個團隊在接下來的轉變中，出現了很多問題。究其原因，就是沒有做到未雨綢繆。

其實為了防範類似的問題出現，我們可以考慮採用股份行權的計畫。在該計畫中，公司既可以賦予合夥人在一定的時間內享受一定比例的股權，也可以為其提供優先取捨權或回購權等。

■ 建議5：保護自己權益

對於創始人來說，這條建議顯得非常重要，並且在融資階段，就顯得尤為重要。要知道，你的權益並非總是與初創公司的利益一致的。很多創始人在起初都執掌著企業半壁江山的股權，但因為沒有及時處理好這個問題，最終手中的股權被不斷稀釋，稀釋到10%甚至10%以下的狀態。因此在簽訂合約協議的時候，創始人最好能夠讓專業的律師出面，對條款進行改

團隊裂變篇　誰來賣？資源整合，打造最強戰鬥力！

善，保護好自己的權益。要知道，法律措辭有時候就是那麼晦澀。對專業律師而言，解決這些問題，要比自己的條理更加清晰，思維更加細緻縝密。

對於創業者來說，沒有任何事情會比看到自己的初創公司茁壯成長更加開心的，所以從這一點來說，身為創始人一定要記住，如果想要公司在後續的發展中，有條不紊地向前推進，就需要從一開始就做到防患於未然，這樣才能更好地保全公司利益，也從另一方面更好地保全了創始人的地位和核心利益。

第十四章　創始人法寶：治理團隊的關鍵技巧

國家圖書館出版品預行編目資料

裂變行銷力，構建商業雪球效應：抓住需求、引爆流量、整合團隊……全面掌握產品熱銷與品牌爆發的核心策略，顛覆你的行銷格局！/ 任周波 著 .-- 第一版 .-- 臺北市：沐燁文化事業有限公司, 2024.12
面； 公分
POD 版
ISBN 978-626-7628-07-2(平裝)
1.CST: 行銷學 2.CST: 行銷策略
496　　　113019280

電子書購買

爽讀 APP

裂變行銷力，構建商業雪球效應：抓住需求、引爆流量、整合團隊……全面掌握產品熱銷與品牌爆發的核心策略，顛覆你的行銷格局！

臉書

作　　者：任周波
發 行 人：黃振庭
出 版 者：沐燁文化事業有限公司
發 行 者：崧燁文化事業有限公司
E-mail：sonbookservice@gmail.com
粉 絲 頁：https://www.facebook.com/sonbookss/
網　　址：https://sonbook.net/
地　　址：台北市中正區重慶南路一段 61 號 8 樓
Rm. 815, 8F., No.61, Sec. 1, Chongqing S. Rd., Zhongzheng Dist., Taipei City 100, Taiwan
電　　話：(02) 2370-3310　　傳　　真：(02) 2388-1990
印　　刷：京峯數位服務有限公司
律師顧問：廣華律師事務所 張珮琦律師

-版權聲明

本書版權為文海容舟文化藝術有限公司所有授權沐燁文化事業有限公司獨家發行電子書及繁體書繁體字版。若有其他相關權利及授權需求請與本公司聯繫。

未經書面許可，不得複製、發行。

定　　價：320 元
發行日期：2024 年 12 月第一版
◎本書以 POD 印製
Design Assets from Freepik.com